BEI GRIN MACHT SICH IHR
WISSEN BEZAHLT

AF671440

- Wir veröffentlichen Ihre Hausarbeit, Bachelor- und Masterarbeit

- Ihr eigenes eBook und Buch - weltweit in allen wichtigen Shops

- Verdienen Sie an jedem Verkauf

Jetzt bei www.GRIN.com hochladen
und kostenlos publizieren

GRIN

Bibliografische Information der Deutschen Nationalbibliothek:

Die Deutsche Bibliothek verzeichnet diese Publikation in der Deutschen Nationalbibliografie; detaillierte bibliografische Daten sind im Internet über http://dnb.d-nb.de/ abrufbar.

Dieses Werk sowie alle darin enthaltenen einzelnen Beiträge und Abbildungen sind urheberrechtlich geschützt. Jede Verwertung, die nicht ausdrücklich vom Urheberrechtsschutz zugelassen ist, bedarf der vorherigen Zustimmung des Verlages. Das gilt insbesondere für Vervielfältigungen, Bearbeitungen, Übersetzungen, Mikroverfilmungen, Auswertungen durch Datenbanken und für die Einspeicherung und Verarbeitung in elektronische Systeme. Alle Rechte, auch die des auszugsweisen Nachdrucks, der fotomechanischen Wiedergabe (einschließlich Mikrokopie) sowie der Auswertung durch Datenbanken oder ähnliche Einrichtungen, vorbehalten.

Impressum:

Copyright © 2012 GRIN Verlag, Open Publishing GmbH
Druck und Bindung: Books on Demand GmbH, Norderstedt Germany
ISBN: 9783668133013

Dieses Buch bei GRIN:

http://www.grin.com/de/e-book/306521/erdgas-aus-unkonventionellen-quellen

Julian Deymann

Erdgas aus unkonventionellen Quellen

Ein Überblick über Ressourcen, wirtschaftliche und umweltpolitische Bedingungen

GRIN Verlag

GRIN - Your knowledge has value

Der GRIN Verlag publiziert seit 1998 wissenschaftliche Arbeiten von Studenten, Hochschullehrern und anderen Akademikern als eBook und gedrucktes Buch. Die Verlagswebsite www.grin.com ist die ideale Plattform zur Veröffentlichung von Hausarbeiten, Abschlussarbeiten, wissenschaftlichen Aufsätzen, Dissertationen und Fachbüchern.

Besuchen Sie uns im Internet:

http://www.grin.com/

http://www.facebook.com/grincom

http://www.twitter.com/grin_com

Erdgas aus unkonventionellen Quellen

Ein Überblick über Ressourcen, wirtschaftliche und umweltpolitische Bedingungen

Julian Deymann

Inhaltsverzeichnis

Mehr zu diesem Thema finden Sie in „Unkonventionelles Erdgas. Auswirkungen auf den globalen Erdgasmarkt" von Julian Deymann, ISBN: 978-3-656-52669-8

http://www.grin.com/de/e-book/263632/

Abbildungsverzeichnis

Abkürzungsverzeichnis

APX	Amsterdam Power Exchange
ARI	Advanced Resources International
bcm	Millarden Kubikmeter
BGR	Bundesanstalt für Geowissenschaften und Rohstoffe
Bill.	Billionen
BP	British Petroleum
CBM	Coal Bed Methane
CEGH	Central European Gas Hub
CMM	Coal Mine Methane
CNG	Compressed Natural Gas
CPS	Current Policies Scenario
CSM	Coal Seam Methane
EEX	European Energy Exchange
EIA	Energy Information Administration
EPEC	Equilibrium program with equilibrium constraints
EU	Europäische Union
FSRU	Floating Storage and Offloading Units
ft^3	Kubikfuss
GASH	Gas Shales in Europe
GB	Großbritannien
GFZ	Geologischen Forschungszentrum
GUS	Gemeinschaft Unabhängiger Staaten
ICE	Intercontinental Exchange
IEA	International Energy Agency
IP	Initial Production
KKT	Karush-Kuhn-Tacker
LNG	Liquefied Natural Gas
m^3	Kubikmeter

MCEP	Mathematical program with equilibrium constraints
mcm	Tausend m^3
MCP	Mixed Complementary Problem
mD	milliDarcy
Mio.	Millionen
mmbtu	Million British thermal units
mmfcd	Millionen Kubikfuß pro Tag
Mrd.	Millarden
NBP	National Balancing Point
NCG	Net Connect Germany
NPS	New Policies Scenario
NYMEX	New York Mercantile Exchange
OTC	Over the Counter
PEG	Points d'Echange de Gaz
PSV	Punto do Scambio Virtuale
SDWA	Save Drink Water Act
ToP	Take or Pay
TTF	Title Tranfser Facility
UGS	Untertagespeicher
USA	United States of America
VAE	Vereinigte Arabische Emirate
VHP	Virtueller Handelspunkt
WEO	World Energy Outlook
ZBH	Zeebrugge Hub

Tabellenverzeichnis

1 Einleitung

Erdgas wird in vielen Prognosen und Analysen für die kommenden Jahrzehnte eine herausragende Bedeutung bei der Deckung des weltweiten Energieverbrauchs beigemessen. Voraussagen der International Energy Agency (IEA) zufolge wird Erdgas der am stärksten wachsende Primärenergieträger sein. Schon heute deckt Erdgas 21 % des weltweiten, bzw. jeweils 25 % des amerikanischen und europäischen Primärenergiebedarfs. Laut dem Referenzszenario der IEA nimmt die globale Erdgasnachfrage bis 2035 um etwa 55 % zu. Während der Anteil von Kohle und Öl von 27 % auf 24 % bzw. von 33 % auf 27 % am globalen Primärenergieaufkommen zurückgehen soll, soll der Anteil von Erdgas auf 23 % ansteigen. In Europa soll Erdgas bis 2035 sogar Öl als größten Primärenergieträger ablösen. In Asien, dem Nahen Osten und Afrika wird die Nachfrage durchschnittlich um 2,4 % pro Jahr steigen.[1]

Der zunehmende Erdgasverbrauch bei gleichzeitig stagnierender oder rückläufiger Produktion in wichtigen Verbrauchszentren, wie Europa, muss kompensiert werden. Die Förderung von unkonventionellem Erdgas ist eine momentan viel diskutierte Möglichkeit das Erdgasangebot in Regionen mit geringen konventionellen Reserven zu erhöhen. Als Vorbild gelten die USA, in der bereits heute 58 % der gesamten Produktion aus nicht-konventionellen Lagerstätten stammen.[2] Diese Arbeit bietet einen Überblick über verschiedene Aspekte des unkonventionellen Erdgases. Zunächst erfolgt die Definition des Begriffes „nicht-konventionelles Erdgas“. Die anschließende Darstellung fokussiert die Vorstellung vermuteter Potentialregionen sowie Beweggründe zur bereits erfolgten Förderung in den USA. Darüber hinaus werden auch die durch die Produktion entstehenden Problematiken, wie z.B. Umweltprobleme, beschrieben.

---

[1] Vgl. IEA (2011), S.544ff.
[2] Vgl. EIA (2012), S.92.

2 Unkonventionelles Erdgas

In den USA wird bereits seit über 40 Jahren Erdgas aus unkonventionellen Quellen gefördert. Doch wird in Amerika erst seit der Möglichkeit, Erdgas kommerziell aus Schiefergesteinen zu produzieren, von einer „Revolution" für den Erdgasmarkt gesprochen.

Schiefergasquellen sind seit dem 19. Jahrhundert bekannt. Jedoch konnte Schiefergas (engl. Shale Gas) erstmals 2006 mittels einer Kombination von zwei bis dahin unabhängig voneinander verwendeten Förderverfahren ökonomisch-sinnvoll gewonnen werden. Seitdem hat in den USA ein Boom zur Erschließung von Shale Gasvorkommen eingesetzt, der bei den Amerikanern die Hoffnung weckte, dauerhaft von Importen unabhängig zu sein.[3]

Noch 2005 prognostizierte die IEA in ihrer jährlichen Studie, dass die USA bis 2010 ca. 70 Mrd. m^3 Erdgas via LNG einführen müssten um die Nachfrage zu decken. Doch hat die zunehmende Erdgasförderung aus nicht-konventionellen Lagerstätten die Position der USA vollkommen verändert, sodass 2010 tatsächlich nur 12 Mrd. m^3 verflüssigtes Erdgas importiert werden mussten. Vor allem die neuerschlossenen Shale Gas Felder sorgen, aufgrund der scheinbar hohen Förderraten und immer weiter sinkenden Förderkosten, für Optimismus.[4]

Shale Gas ist aber nur eine Form von unkonventionellen Erdgasen. Ebenso sind vor allem Kohleflözgas und Tight Gas zu nennen, die in den USA bereits 2005 für 30 % der Produktion verantwortlich waren. Darüber hinaus gibt es auch weitere momentan technisch noch nicht-förderbare Formen. Ein Überblick der verschiedenen nicht-konventionellen Erdgase sowie eine Abgrenzung zum konventionellen Erdgas folgt in Kapitel 2.1.

Die US-Erfahrungen schüren längst in anderen Regionen die Hoffnung auf neue Erdgasquellen, sodass mittlerweile fast jeder Kontinent hinsichtlich seines Potentials untersucht wurde bzw. wird. Das gilt in erster Linie für asiatische und einige europäischen Länder, die kaum über konventionelle Reserven verfügen und somit einer zunehmenden Importabhängigkeit ausgesetzt sind. Erste Studien kamen zu dem Ergebnis, dass unkonventionelle Erdgasreserven durchaus auch außerhalb der USA präsent sind. In Kapitel 2.2 werden die bisher weltweit erforschten Ressourcen und Reserven dargestellt. Dabei hat die EIA (Engery Information Administration) zwei Gruppierungen identifiziert, für die die Erschließung aufgrund ihrer Potentiale möglich

[3] Vgl. Engerer; Horn (2010), S.11.
[4] Vgl. IEA (2010a), S.181.

und sehr attraktiv ist. Einerseits sind das Länder, die derzeit sehr abhängig sind von Erdgasimporten, wie Polen, Türkei, Ukraine, Deutschland, Marokko oder Chile, andererseits Staaten, die bereits über eine ausgebaute Produktions- und Exportinfrastruktur verfügen, wie die USA, Kanada, China, Australien, sowie Libyen und Algerien.[5]

In Kapitel 2.3 werden die wirtschaftlichen, aber auch andere Erfolgsfaktoren genannt, die die Entwicklung in den USA ermöglichten.

Abschließend werden in Kapitel 2.4 die Umweltprobleme die mit der Förderung auftreten können sowie Probleme die die Förderung in anderen Staaten erschweren könnten aufgezeigt.

2.1 Konventionelles vs. unkonventionelles Erdgas

Unkonventionelles Gas weist die gleiche chemische Zusammensetzung wie konventionelles Erdgas auf. Die Bezeichnung „unkonventionell" bezieht sich lediglich auf die Charakteristik der Lagerstätten und die damit verbunden Fördermethoden. Jedoch ist der Gasgehalt pro Gesteinsvolumen im Vergleich zu konventionellen Feldern sehr klein. Zudem sind die Vorkommen oft über zehntausende Kilometer verstreut.[6]

Inzwischen gibt es viele Formen von Erdgas, die aufgrund ihrer Fördermethode als unkonventionell bezeichnet werden. Diese können auch in wirtschaftlich sinnvoll und nicht-sinnvoll unterschieden werden, wobei die Kategorisierung sich aufgrund veränderter Marktsituationen oder neuer Technologien dynamisch verschieben kann. Ökonomisch momentan nicht-nutzbare Gasressourcen sind z.B. Tiefen-Gas, worunter Erdgasvorräte verstanden werden, die in großer Tiefe vorkommen (über 4,5 km unter der Erde), Methanhydrat (Eisenähnliche Verbindung in Meeres- oder Permafrostboden) oder Aquifergas (Im Grundwasser gelöstes Erdgas), deren Potentiale aber weniger erforscht sind und auf die im Folgenden nicht weiter eingegangen wird.[7]

2.1.1 Erdgas aus dichtem Gestein

Erdgas aus dichtem Gestein wird in Shale Gas (Schiefergas) und Tight Gas unterschieden. Bei Shale Gas handelt es sich um Erdgas aus dichtem Tongestein, in der Regel Schiefergestein, das vor bis zu 550 Millionen Jahren in Gesteinsschichten aus Überresten winziger Organismen bei hohen Temperaturen und hohem Druck tief unter

[5] Vgl. EIA (2011a), S.52.
[6] Vgl. Fell; Papp (2010), S.6f.
[7] Vgl. Fell; Papp (2010), S.10.

der Erde entstand. Die Vorkommen bilden sich, wenn in einem mehr als 30 Meter mächtigen, feinkörnigen Sediment mit hohen Gehalten an organischem Kohlenstoff die Gasbildung fortgeschritten ist und dieses Sediment gleichzeitig als Speichermatrix und als Migrationsbarriere wirkt.[8]

Tight Gas ist die Bezeichnung für Erdgas, das von einer undurchlässigen, nicht porösen Sand- oder Kalksteinformation in einem Hohlraum eingeschlossen ist. Tight Gas wird bereits seit 40 Jahren in den Vereinigten Staaten gefördert. Daher findet nicht in allen Publikationen eine strikte Abgrenzung zum konventionellen Erdgas statt.

Die Tiefen von Shale Gas und Tight Gas Schichten variieren sehr stark. In den bisher erschlossenen Lagerstätten wurden Vorkommen zwischen 200 m und 4500 m Tiefe entdeckt. Die Größe und Qualität der Reservoirs ist dabei sehr variabel.[9]

Die Abgrenzung zu konventionellen Lagerstätten erfolgt über die Durchlässigkeit (Permeabilität) und die Art des Speichergesteins. Der größte Unterschied liegt dabei in der Permeabilität. Umso größer diese ist und je poröser damit das Gestein ist, desto leichter kann Erdgas aus der Lagerstätte fließen und somit mit geringerem Aufwand gefördert werden. Konventionelle Vorkommen sind in gut durchlässigen Gesteinen enthalten und können somit ohne spezielle Bohrtechniken erschlossen werden. International wird als Obergrenze eine durchschnittliche Permeabilität von 0,1 milliDarcy (mD)[10] zu Grunde gelegt.[11]

Die Erdgasgewinnung aus dichten Lagerstätten ist aufgrund der geringen Porosität und Permeabilität sehr anspruchsvoll. Um nicht-konventionelles Erdgas ökonomisch-sinnvoll entnehmen zu können, muss die Durchlässigkeit künstlich erhöht werden. Die Gesteinsformationen müssen aufgebrochen werden, um Kanäle und Verbindungen zu erzeugen, die das Erdgas aus den Poren entweichen lassen und der Förderleitung zuführen um somit die Produktionsrate erhöhen zu können.[12]

Erst mit der technisch sehr anspruchsvollen horizontalen Bohrtechnik in Kombination mit dem hydraulischen Aufbrechen bzw. Fracken wurde der Gasschiefer zu einer im großen Maßstab nutzbaren Ressource. Dabei wird zunächst die gasführende Schicht durch Bohrungen flächendeckend aufgebrochen. Dafür werden im Abstand von einigen hundert Metern vertikale Bohrungen durchgeführt, die in den gasführenden

[8] Vgl. Horsfield; di Primio und Schulz (2011), S.25.
[9] Vgl. BGR (2009), S.92.
[10] Darcy und milliDarcy (mD) sind Kennzahlen, die die Permeabilität beschreiben.
[11] Vgl. Engerer; Horn (2010), S.10.
[12] Vgl. Horsfield; di Primio und Schulz (2011), S.25.

Schichten horizontal abgelenkt werden, sobald der Bohrkopf die Zielgesteinsschicht erreicht hat. An dieser Stelle enden konventionelle Bohrvorgänge normalerweise.[13]
Anschließend wird der horizontale Abschnitt der Bohrung perforiert. Horizontal können sich die Gesteinsschichten kilometerweit erstrecken. Von einer vertikalen Bohrung gehen bis zu sechs horizontale Ablenkungen (bis zu 600 m) aus, um die Gasschicht in jede Richtung erreichen zu können. In einer der ersten Shale Gas-lagerstätten, dem Barnett Shale in Texas (USA), wird im Durchschnitt pro Bohrung eine Fläche von 160.000 m^2 erreicht.[14]
Nach Abschluss der Bohrarbeiten folgt das sogenannte hydraulische Fracken: Zunächst wird das Gestein mit künstlich erzeugten Rissen versehen. Zusätzlich werden Flüssigkeiten unter hohem Druck in die Ton- oder Sandgesteine gepresst, wodurch diese aufbrechen und sich die Risse im Gestein ausbreiten. Die Flüssigkeit besteht üblicherweise zu etwa 98 - 99,5 % aus Wasser und Sand, sowie bis zu 2 % aus chemischen Zusatzstoffen (z.B. Salzsäure). Die konkrete Zusammensetzung des Gemisches ist jedoch von den jeweiligen Eigenschaften der Lagerstätte abhängig. Die Chemikalien sorgen dafür, dass sich der Quarzsand mit dem Wasser vermischt, weniger Reibung entsteht, keine Bakterien in die Lagerstätte gelangen und verhindern, dass sich die erzeugten Fließkanäle bei nachlassendem Druck wieder schließen. In der Erschießungsphase des Barnett Shale wurden pro Frack ca. vier Mio. Liter Wasser benötigt.[15]
Die bei über 1.000 bar Druck entstandenen kleinen Risse (bis zu 30 m lang) im Gestein werden mit Sandkörnern und Stützmitteln (sogenannten Proppants) gefüllt, um sie nach der Stimulation möglichst lange offen zu halten. Mit dieser Technik wird die Permeabilität der Risse künstlich erhöht, sodass ein Strömungsweg für das Erdgas aus dem Gestein zum Bohrloch geschaffen werden kann. Die Risse ermöglichen somit die Erschließung eines größeren Gesteinvolumens, sodass der Zufluss zur Bohrung erhöht wird und die Produktionsrate erheblich steigt.[16]
War das Fracking erfolgreich, wird der Druck reduziert und die Flüssigkeit entweicht aus dem Bohrloch, wodurch eine große Menge Abwasser entsteht. 20 % - 50 % des Wassers wird wieder an die Oberfläche gepumpt, wobei unter anderem radioaktive Isotope mit nach oben gespült werden.[17]

[13] Vgl. Trueb (2012), S.5.
[14] Vgl. ASPO (2010), S.6.
[15] Vgl. Europäisches Parlament (2011), S.20.
[16] Vgl. WEG (2008), S.23ff.
[17] Vgl. Europäisches Parlament (2011), S.30.

Aufgrund der Einspeisung von Millionen Tonnen Chemikalien und der Abwasserbelastung ist das hydraulische Fracken allerdings sehr umstritten. Die Risiken und Probleme dieses Verfahren werden in Kapitel 2.4 ausführlicher dargestellt.

Die Shale Gas-Förderung gilt im Vergleich zur Tight Gas-Produktion als deutlich aufwendiger. Zum einen sind wesentlich mehr Bohrungen notwendig um Fließkanäle zu schaffen und zum anderen wird aufgrund der Tatsache, dass Sandstein von Natur aus poröser und durchlässiger ist, erheblich mehr Flüssigkeit benötigt um das Schiefergestein aufzubrechen.[18]

2.1.2 Kohleflözgas

Kohleflözgas ist der Oberbegriff für natürlich entstandene Gase, die in Verbindung mit Kohle vorkommen. Es ist in Kohlelagerstätten anzutreffen, wobei es entweder im Flöz selbst oder im angrenzenden Gestein vorkommt. Kohleflözgas ist bekannt seitdem Kohle abgebaut wird, jedoch galt es lange Zeit als gefährlich und es bestand nicht die Möglichkeit, es zu fördern.[19]

Kohleflözgas wird unterteilt in Flözgas und Grubengas. Flözgas (Coal Bed Methane (CBM)), wird durch Bohrungen freigesetzt. Grubengas ist das durch die eigentlichen Bergbauarbeiten austretendes Kohleflözgas. Hierzu zählen Coal Seam Methane (CSM), welches während des aktiven Bergbaus austritt, sowie das Coal Mine Methane (CMM), das im stillgelegten Bergwerk aus den Flözen entweichen kann. Das Grubengas stellte früher im Kohleabbau ein gefährliches Nebenprodukt dar. Für die Erdgasförderung spielt vor allem das CBM eine große Rolle. Aber auch CSM ist in Regionen mit großen Kohlevorkommen, wie bspw. Australien, von Bedeutung. Bereits 1908 wurde CSM in Deutschland zur Dampferzeugung genutzt. Momentan entfallen ca. 80 % der Flözgasförderung auf die USA.[20]

Kohleflözschichten sind in der Regel oberflächennah zu finden, können aber auch bis zu 2000 m unter der Erde liegen. Ähnlich wie bei der Erdgasförderung aus dichten Gesteinen kommt auch zur Produktion des CBM das hydraulische Fracken zum Einsatz. Allerdings können oberflächennahe Kohleflözgasvorkommen auch mittels vertikaler Bohrungen und weitaus kleinerer künstlich erzeugter Risse gewonnen werden.[21]

[18] Vgl. IEA (2012), S:21.
[19] Vgl. IEA (2010a), S.182.
[20] Vgl. BGR (2009), S.96f.
[21] Vgl. IEA(2009), S.399.

Grubengas aus stillgelegten Bergwerken wird über eine Bohrung oder einen existierenden Schacht abgesaugt. CSM wiederum wird über horizontale Bohrungen in das Kohleflöz abgeteuft.[22]

2.2 Reserven und Ressourcen

Im Gegensatz zu den Defintionen von Reserven und Ressourcen konventioneller Erdgase werden die Potentiale unkonventioneller Erdgase in weitere Kategorien unterschieden, wie in Abbildung 1 dargstellt.

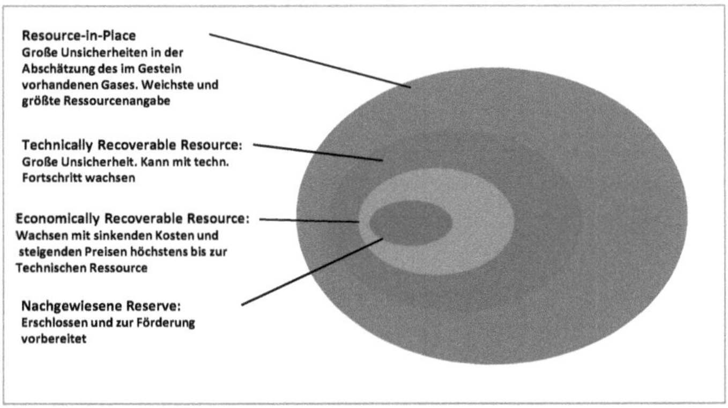

Abbildung 1: Abgrenzung zwischen unkonventionellen Ressourcen und Reserven (Quelle: Eigene Darstellung nach Medlock 2010, S.4)

Grundsätzlich wird bei der Erforschung der Potentiale zwischen Resource-in-Place gewinnbaren Ressourcen und nachgewiesenen Reserven differenziert. Die gewinnbare Ressource (engl. Recoverable Resource) kann weiter in technisch und wirtschaftlich gewinnbare Ressource unterteilt werden. Üblicherweise wird aber der Oberbegriff „Recoverable Resource" bzw. gewinnbare Ressource verwendet (s. Abbildung 1).[23]
Die Abschätzung der Resource-in-Place und auch der gewinnbaren Erdgasmengen aus dichten Gesteinen sind, bedingt durch die Eigenschaften der Lagerstätten, mit großen Unsicherheiten behaftet, was auch in den folgenden Abschnitten deutlich wird. Einzig sicher sind die Angaben hinsichtlich der nachgewiesenen Reserven, die bisher aber sehr gering sind (s. Kapitel 2.2.3).[24]

[22] Vgl. BGR (2009),S.100f.
[23] Definitionen der Kennzahlen befinden sich im Anhang Kapitel A.1.1.
[24] Vgl. EIA (2011c), S.6f.

2.2.1 Resource-in-Place

Eine der ersten Abschätzungen bezüglich der „Resource-in-Place" erschien bereits 1997 von H.H. Rogner. Er nutzte in dieser Studie alle zu diesem Zeitpunkt vorliegenden Informationen. Teilweise waren diese sehr unvollständig und wurden durch grobe Schätzungen erweitert. Rogner selbst gibt zu bedenken, dass zu diesem Zeitpunkt aufgrund der vorhandenen konventionellen Reserven kein kommerzielles Interesse an der Erschließung von unkonventionellen Ressourcen bestand und die Angaben mit großen Unsicherheiten behaftet sind.[25]

Zusammenfassend kann gesagt werden, dass Rogners in Tabelle 1 abgebildeten Einschätzungen höchst spekulativ sind und auch so betrachtet werden sollten. Dennoch werden seine Prognosen als erste globale Abschätzungen unkonventioneller Potentiale bis heute in vielen Publikationen zitiert.

Tabelle 1: Unkonventionelle Erdgasressourcen in Bill. m³ (Quelle: Eigene Darstellung nach Rogner 1997, S.23ff)

Region	Kohleflözgas	%	Shale Gas	%	Tight Gas	%
GUS	112	44%	18	4%	26	14%
Asien-Ozeanien	49	19%	165	37%	36	19%
Nordamerika	85	33%	109	24%	39	21%
Europa	8	3%	16	4%	12	6%
Südamerika	1	0%	60	13%	37	20%
Afrika	0	0%	80	18%	46	24%
Welt	255	100%	448	100%	190	100%

Das Gesamtpotential der unkonventionellen Ressourcen prognostizierte Rogner auf 913 Bill. m³, wobei allein die Shale Gasvorkommen rund die Hälfte ausmachen. Die größten Vorräte vermutet er in Asien-Ozeanien (165 Bill. m³), wo nach seinen Angaben 37 % der gesamten Shale Gasressourcen in Schiefergesteinen gespeichert sind. In Nordamerika sollen es 24 % sein (109 Bill. m³). Aber auch in Afrika (80 Bill. m³) und Südamerika (60 Bill. m³) vermutet Rogner ein großes Potential. In Europa und den GUS-Staaten sieht er dieses hingegen weniger (jeweils 4 % der gesamten Ressourcen) (s. Tabelle 1).

77 % (ca. 200 Bill. m³) der Kohleflözgasressourcen befinden sich, wie in Tabelle 1 ersichtlich, in dem Areal der Gemeinschaft der unabhängigen Staaten (44 % gesamten der Kohleflözgasressourcen) und in Nordamerika (33 %). Auch in Asien-Ozeanien vermutet er ein Potential von 49 Bill. m³ (19 %).

[25] Vgl. Rogner (1997).

Die Tight Gasvorräte sind seiner Meinung nach weniger konzentriert. Die größten Ressourcen sieht er in Afrika (46 Bill. m³), gefolgt von Nordamerika, Südamerika und Asien-Ozeanien. Auffällig ist, dass Rogner bei allen hier genannten Formen von unkonventionellen Erdgasen die geringsten Potentiale in Europa sieht (s. Tabelle 1).

Er vermutet, dass nur 10 % der Resource-in-Place zu diesem Zeitpunkt technisch gewinnbar sind. Seit Rogners Veröffentlichung haben sich die Methoden hinsichtlich der Messung der Potentiale allerdings verändert. Die neuen Methoden und Annahmen sind jedoch sehr unterschiedlich, was zu differierenden Ressourcenschätzungen geführt hat. Darüber hinaus sind Informationen über viele Felsformationen, selbst in den Vereinigten Staaten, nur begrenzt vorhanden. Die Entwicklung angemessener Bewertungsmethoden schreitet zwar weiter voran, ist aber noch nicht endgültig abgeschlossen. Insbesondere in Russland oder im Nahen Osten ist eine Quantifizierung der Vorkommen schwierig, weil entweder die Zusammenarbeit verweigert wird oder geologische Forschungen internationalen Institutionen untersagt werden. Aufgrund dessen werden diese Regionen in manchen Veröffentlichungen vernachlässigt.[26]

2011 veröffentlichte die EIA in Zusammenarbeit mit der Advanced Resources International (ARI) einen Bericht über die weltweiten Shale Gas-Vorkommen, die in Tabelle 2 abgebildet sind. Die Kohleflözgas-Daten, publizierte die ARI bereits Ende 2009, wobei die Spannweite der Zahlen die großen Unsicherheiten bei den Abschätzungen widerspiegeln.

Tabelle 2: Resource-in-Place nach Einschätzung der EIA/ARI in Bill. m³ (Quelle: Eigene Darstellung nach ARI 2009, S.21 ; EIA 2011c; S.4; IEA 2009b, S.397)

Region	Kohleflözgas	%	Shale Gas	%	Tight Gas	%
GUS	15-60	23,7%	2	0%	25	12%
Asien-Ozeanien	45-80	39,6%	198	28%	51	24%
Nordamerika	25-55	25,3%	202	28%	39	19%
Europa	7	4,4%	16	2%	12	6%
Südamerika	2	1,3%	60	8%	37	18%
Afrika	2,5-6,5	2,8%	80	11%	45	22%
Welt	100-216	100%	712	100%	209	100%

Die Angabe der Tight Gas-Potentiale stammt aus dem World Energy Outlook 2009 der IEA. Diese unterscheiden sich von Rogners Analyse nur hinsichtlich der Ressourcen in der Region Asien-Ozeanien.

Bemerkenswert ist vor allem der große Ressourcenbestand des Shale Gases. Im Vergleich zu Rogners Analyse und auch zu den Informationen der IEA im WEO 2009 (456 Bill. m³) wird dieser um ca. 60 % höher eingeschätzt. Die Region mit den größten Ressourcen soll Nordamerika mit 28 % (202 Bill. m³) des globalen Schiefergaspotentials

[26] Vgl. Gény (2010), S.5f.

sein. Allein die Hälfte davon ist in den USA zu finden. Ähnlich große Ressourcen hat die die EIA in Asien-Ozeanien (198 Bill. m³) identifiziert, wobei ca. 145 Bill. m³ in China beheimatet sein sollen (s. Tabelle 2).

Für die Existenz großer Shale Gasvorkommen in China spricht vor allem die Ähnlichkeit einiger geologischer Formationen mit bereits produzierenden Gebieten in den USA. Vor allem die beiden Reservoirs in dem Becken von Sichuan weisen Analogien zu dem amerikanischen Barnett Shale auf. Für Europa werden mit Ressourcen in Höhe von 72 Bill. m³ deutlich geringere Vorräte vermutet als in Nordamerika. Im europäischen Raum ist Shale Gas in erster Linie in Polen und Frankreich zu finden. Aber auch in Deutschland, Schweden und der Ukraine wurden alternative Lagerstätten lokalisiert. Die geologischen Gegebenheiten unterscheiden sich nicht nur im Vergleich zu den Felsformationen in den USA, sondern auch innerhalb Europas vor allem bezüglich der Mächtigkeit.

Weitere Schiefergaslagerstätten wurden in Afrika (130 Bill. m³) und Südamerika (112 Bill. m³) entdeckt. Die GUS-Länder, sowie die Region Naher Osten blieben aus oben genannten Gründen, in der Studie außen vor. Aufgrund der größtenteils kostengünstigen konventionellen Reserven ist es aber auch nicht wahrscheinlich, dass in diesen Regionen in absehbarer Zeit unkonventionelles Erdgas gewonnen wird.

Die Einschätzungen bezüglich des Kohleflözgaspotentials sind im Gegensatz zu Rogners Informationen pessimistischer. Im besten Fall wird ein Vorkommen von 216 Bill. m³ vermutet. Insbesondere der Anteil der GUS wird wesentlich geringer eingeschätzt (s. Tabelle 1 und Tabelle 2). Die ARI sieht die größte Resource-in-Place in Asien-Ozeanien mit 45 - 80 Bill. m³.

2.3.2 Gewinnbare Ressource

Bei den Angaben der gewinnbaren Ressource[27] handelt es sich ebenfalls um unsichere Daten, da diese Abschätzung anhand eines Faktors auf Basis der Resource-in-Place errechnet wird.

In Abbildung 9 ist zu erkennen, dass diese Angaben aufgrund dessen ebenfalls zwischen den verschiedenen Veröffentlichungen variieren. Das größte Potential sieht die IEA mit insgesamt 406 Bill. m³, gefolgt von der EIA/ARI mit 295 Bill. m³. Die geringsten Vorkommen vermutet die deutsche Rohstoffagentur mit 217 Bill. m³.

Deutlich wird anhand der geringen Abweichungen zwischen den Analysen, dass insbesondere die Shale Gaspotentiale in den letzten Jahren zunehmend untersucht

[27] Definition siehe Kapitel A 1.1.2.

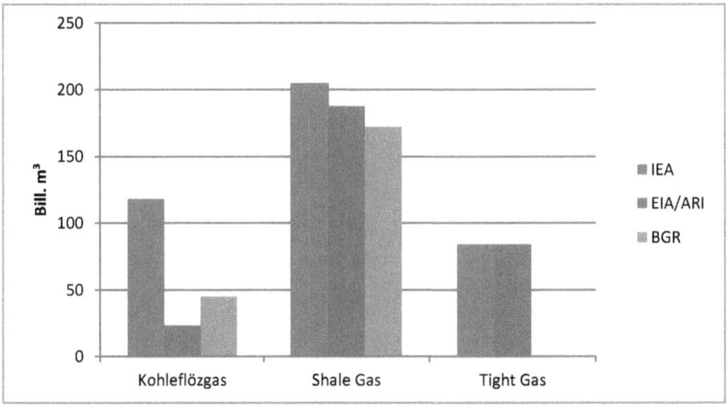

Abbildung 2: Vergleich Gewinnbarer Ressourcen in verschiedenen Studien in Bill m³ (Quelle: Eigene Darstellung nach EIA 2011c, S.4; ARI 2009, S.21.; IEA 2011b, S.49; BGR 2011, S.52)

worden sind. Tight Gasvorkommen werden entweder anhand von Rogners Resource-in-Place-Einschätzung errechnet (IEA und EIA/ARI) oder gar nicht als unkonventionelles Erdgas berücksichtigt, wie die BGR es beispielsweise macht.

Die differierenden Einschätzungen lassen eine konkrete Aussage über das Gesamtpotential der hier betrachteten unkonventionellen Erdgase kaum zu. Wird jedoch den aktuellen Studien der EIA und ARI Glauben geschenkt, sind die gewinnbaren Ressourcen aus nicht-konventionellen Lagerstätten größer als die derzeitigen konventionellen Reserven (187,1 Bill m³). Allein das Shale Gaspotential ist demnach genauso groß wie die konventionelle Reserve (s. Tabelle 4).

In Abbildung 9 ist ersichtlich, dass die größten Unterschiede bei der Betrachtung der Kohleflözgasvorräte auftreten. Die IEA vermutet ein Gesamtpotential von 118 Bill. m³. 45,6 Bill. m³ sind es laut BGR. Advanced Resources International geht sogar nur von einer globalen gewinnbaren Ressource von 23,5 Bill. m³ aus. Die IEA, ARI und BGR kommen hinsichtlich des förderbaren Potentials und der regionalen Konzentration zu völlig unterschiedlichen Ergebnissen (s. Tabelle 3). Einig sind sich die drei Organisationen darüber, dass die gewinnbaren Vorkommen größtenteils in Asien-Ozeanien, Nordamerika und in der Region der GUS-Staaten zu finden sind.

Nach der Studie der IEA sind 70 % der globalen förderbaren Mengen in dem Areal der GUS-Staaten (83 Bill. m³) zu finden. Die restlichen 30 % verteilen sich auf Nordamerika (21 Bill. m³) und Australien-Ozeanien (12 Bill. m³), wobei insbesondere in Australien mit enormen Vorkommen gerechnet wird (s. Tabelle 3).

Die BGR geht von einer weniger konzentrierten Verteilung aus. Sie berechnen das größte Potential für Asien-Ozeanien (18,9 Bill. m³). Die GUS-Länder (16 Bill. m³) verfügen zwar immerhin noch die zweitgrößten Vorkommen, aber deutlich weniger als laut Information der IEA.

Nach Angaben der ARI konzentrieren sich die wesentlich geringer geschätzten gewinnbaren Vorräte relativ gleichmäßig auf Asien-Ozeanien (28 %), Nordamerika (27 %) und die GUS (24 %). In Europa sind nach übereinstimmenden Angaben der ARI und BGR nur geringe Mengen förderbar (1,2 – 1,5 Bill. m³).

Tabelle 3: Gewinnbare Ressource Kohleflözgas in Bill. m³(Quelle: Eigene Darstellung nach ARI 2009, S.21; IEA 2011b, S.49; BGR 2011, S.52)

Region	IEA	%	ARI	%	BGR	%
GUS	83	70%	5,8	24%	16	35%
Asien-Ozeanien	12	10%	6,8	28%	18,9	41%
Nordamerika	21	18%	6,5	27%	8	18%
Europa	-	-	1,2	5%	1,5	3%
Südamerika	-	-	-	-	0,2	0,4%
Afrika	-	-	-	-	0,8	2%
Welt	118	100%	24	100%	45,6	100%

Eine mögliche Erklärung für die abweichenden Daten ist, dass auch Kohleflözgas aufgrund der teilweise gleichen Fördermethoden in manchen Staaten zu den konventionellen Erdgasen gezählt wird.[28]

Insbesondere der gewinnbaren Shale Gasressource wird zuletzt große Bedeutung beigemessen, sodass in jüngster Vergangenheit zunehmend Studien hinsichtlich der Potentiale auch außerhalb der USA, veröffentlicht wurden. In Abbildung 3 ist ersichtlich, dass Erdgas weltweit in dichten Schiefergesteinen gespeichert ist.

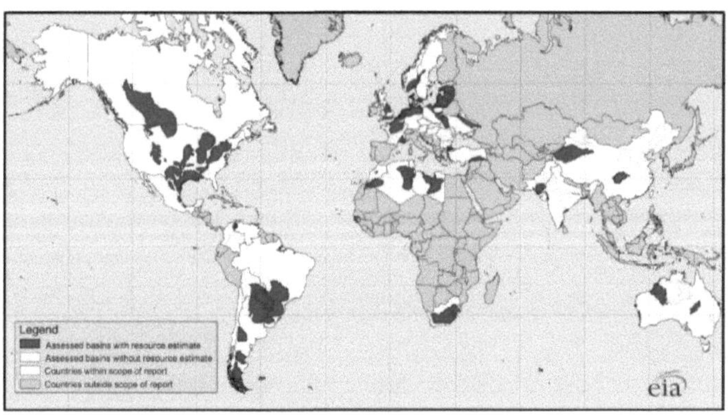

Abbildung 3: Globale Konzentration der Shale Gasressourcen (Quelle: EIA 2011c, S.3)

In Tabelle 4 sind zudem die Berechnungen der gewinnbaren Shale Gasvorkommen der einzelnen Regionen der verschiedenen Institute dargestellt.

[28] Vgl. BGR (2009), S.97.

Tabelle 4: Gewinnbare Ressource Shale Gas in Bill. m³ (Quelle: Eigene Darstellung nach EIA 2011c, S.4; IEA 2011b, S.49; BGR 2011, S.52)

Region	EIA	%	IEA	%	BGR	%
GUS	k.A.	k.A	k.A	k.A	11	6%
Asien-Ozeanien	50,5	27%	51	25%	32	19%
Nordamerika	54,7	29%	55	27%	47	27%
Europa	18,1	10%	16	8%	18	10%
Südamerika	34,7	19%	35	17%	35	20%
Afrika	29,5	16%	29	14%	31	18%
Welt	187,5	100%	204	100%	172	100%

Die optimistischste Einschätzung stammt von der IEA, die bei aktuellen Rahmendbedingungen von einem Shale Gaspotential von 204 Bill. m³ ausgehen. 187,5 Bill. m³ sind es laut EIA und nur 172 Bill. m³ nach Angaben der BGR.

Die drei Organisationen sind sich bezüglich der regionalen Konzentration weitgehend einig. Alle Studien vermuten in Nordamerika die größte gewinnbare Ressource, wobei die Schätzung der BGR (47 Bill. m³) am pessimistischsten ist. Vorkommen in Südamerika (ca 35 Bill. m³), Afrika (ca. 30 Bill. m³) und Europa (ca. 18 Bill. m³) werden fast identisch beurteilt. Eine größere Diskrepanz gibt es ausschließlich in den Angaben zu der Region Asien-Ozeanien. Während IEA und EIA von ca. 51 Bill. m³ förderbaren Erdgases in dichten Schiefergesteinen ausgehen, vermutet die BGR nur 32 Bill. m³

Für die Region der GUS-Länder liegen lediglich Informationen der BGR vor, die eine Recoverable Ressource von 11 Bill. m³ errechnet haben (s. Tabelle 4).

Anhand von Tabelle 5, in der die gewinnbaren Shale Gasressourcen einzelner Länder abgebildet sind, wird deutlich, dass die voneinander abweichenden Angaben der Region Asien-Ozeanien hauptsächlich infolge der differierenden Einschätzungen Chinas zustande kommen.

Laut der Analyse der EIA beherbergt China mit 36.104 Mrd. m³ die größten Shale Gasvorräte. Die Bundesanstalt für Geowissenschaften und Rohstoffe vermutet hingegen nur ein förderbares Potential von 17.200 Mrd. m³ und sieht somit in den USA (24.410 Mrd. m³) die größten gewinnbaren Schiefergasressourcen. Ansonsten herrscht nur hinsichtlich der Größe des Reservoirs in Kanada Uneinigkeit (s. Tabelle 5).

Tabelle 5: Gewinnbare Shale Gasvorkommen nach Ländern in Mrd. m³ (Quelle: Eigene Darstellung nach EIA 2011c, S.4; BGR 2011 ,S.52)

Land	EIA	BGR
China	36.104	17.200
USA	24.409	24.410
Argentinien	21.917	21.921
Mexiko	19.284	19.287
Südafrika	13.734	13.736
Australien	11.213	11.215
Kanada	10.987	3.600
Lybien	8.212	8.213
Algerien	6.541	6.541
Brasilien	6.400	6.401
Polen	5.295	5.296
Frankreich	5.097	5.098
Norwegen	2.350	2.351
Total	187.512	172.904

Weniger Informationen liegen aus bereits genannten Gründen über die Tight Gas-Vorkommen vor. Die IEA veröffentlichte allerdings 2011 in ihrem Sonderbericht „ Are We Entering A Golden Age Of Gas?" eine Abschätzung über mögliche abbaubare Ressourcen. Demnach sind die förderbaren Tight Gas Potentiale weltweit im Vergleich zu Shale Gas und Kohleflözgas am gleichmäßigsten verteilt, wie der Abbildung 4 zu entnehmen ist.

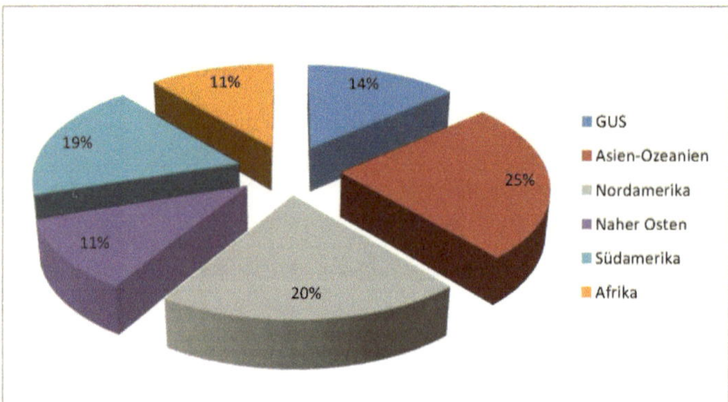

Abbildung 4: Förderbare Tight Gaspotentiale (Eigene Darstellung nach IEA 2011b, S.49)

Nach Informationen der IEA sind die größten Vorräte in Asien-Ozeanien (20 Bill. m³) zu finden, gefolgt von Nord- und Südamerika (16 bzw. 15 Bill. m³). Auch in den restlichen Teilen der Welt, wie den GUS-Staaten (11 Bill. m³), Afrika (9 Bill. m³) oder dem Nahen Osten (9 Bill. m³), sind relativ große Vorkommen erforscht worden. Nur in Europa wurden laut dieser Studie keine signifikanten entnehmbaren Ressourcen nachgewiesen (s. Abbildung 4).

2.2.3 Nachgewiesene Reserven

Im Gegensatz zu den konventionellen Reserven ergibt sich bei der Betrachtung der Verteilung der unkonventionellen Reserven eine andere regionale Verteilung. Die Vorkommen konzentrieren sich zum größten Teil auf Nordamerika. Alleine die Vereinigten Staaten verfügen über zwei Drittel der unkonventionellen Reserven. 30 % sind in der Region Asien-Ozeanien nachgewiesen worden.[29]

Shale Gas Reserven sind bisher nur in den USA erschlossen worden. Jedoch handelt es sich momentan „nur" um 1.718 Mrd. m³, was nicht einmal einem Prozent des zurzeit technisch gewinnbaren Potentials entspricht.[30]

Nur unwesentlich geringer ist, laut Angaben der BGR, die Reserve des Kohleflözgases, mit 1.626 Mrd. m³. Über die regional größte Reserve verfügt Australien (687 Mrd. m³). Kaum weniger wurden in den USA nachgewiesen (526 Mrd. m³). Auch in China wurden bereits 62 Mrd. m³ erschlossen.

Diese Mengen erscheinen im Vergleich zu den Ressourcenschätzungen sehr gering. Jedoch könnte mit den Reserven, gemessen an den Zahlen des Jahres 2010, immerhin der globale Erdgasverbrauch eines Jahres gedeckt werden.

Da Tight Gas schon seit längerer Zeit in geringen Mengen produziert wird und es in manchen Ländern nicht zum konventionellen Erdgas abgegrenzt wird, mangelt es an konkreten Zahlen hinsichtlich der nachgewiesenen Reserve.

2.2.4 Produktion

Insbesondere in den USA wird längst Erdgas aus nicht-konventionellen Lagerstätten gefördert. Bereits 1820 wurde im Bundesstaat New York das erste Erdgas aus Schieferformationen gewonnen. Aufgrund der Exploration konventioneller Gasfelder wurde die Produktion aber zeitnah wieder eingestellt.[31]

Da die konventionellen Reserven mittlerweile ihr Fördermaximum erreicht haben, waren die Unternehmen gezwungen, in weniger produktiven Gesteinsformationen Bohrungen vorzunehmen. 2010 wurden bereits 348 Mrd. m³ unkonventionelles Erdgas produziert. Bei einer Erdgasförderung von insgesamt 600 Mrd. m³ in den Vereinigten Staaten bedeutet dies, dass in Amerika bereits heute mehr Erdgas aus alternativen Lagerstätten als aus konventionellen gewonnen wurde (s. Abbildung 5).

Bisher ist der Anteil der Förderung von Shale Gas, im Vergleich zu der Erdgasproduktion aus dichten Tonsteinen mit 23 % (135 Mrd. m³) an der US-

[29] Vgl. BGR (2011), S.53.
[30] Vgl. BGR (2011), S.53.
[31] Vgl. IEA (2009b), S.401.

Gesamtförderung noch geringer als die Tight Gasproduktion (153. Mrd. m³). Die Tight Gasgewinnung soll jedoch das Fördermaximum schon erreicht haben (s. Abbildung 5).

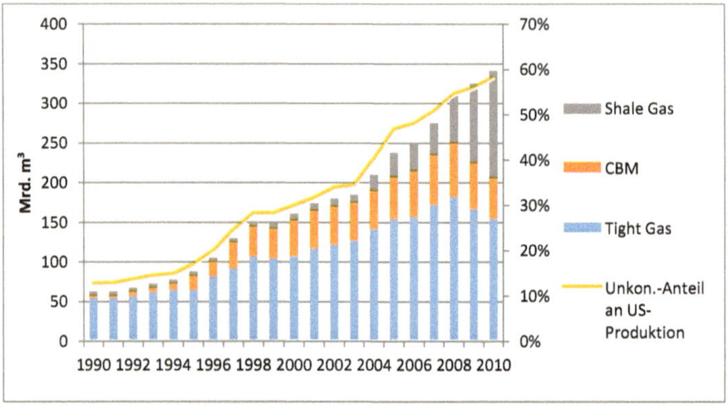

Abbildung 5: Anteil des unkonventionelles Erdgas an der US-Erdgasproduktion in Mrd. m³ und % (Quelle: Eigene Darstellung nach IEA 2009b, S.398; EIA 2012, S.93)

Auch Kohleflözgas wird in den USA längst gefördert. Obwohl die USA über große Kohlevorkommen verfügen, stieg der Anteil an der Produktion in den letzten beiden Jahrzehnten nur langsam auf 10 % (rund 50 Mrd. m³) (s. Abbildung 5).

Weltweit wurden 2010, nach Informationen der IEA, bereits 413 Mrd. m³ Erdgas aus unkonventionellen Lagerstätten gefördert. Das entspricht 12 % der globalen Förderung. Neben den USA gehörten Kanada, Australien und China zu den Produzenten. Allerdings wurden allein 84 % der Menge in den USA (348 Mrd. m³) gefördert. Auch Kanadas Erdgasproduktion stammt immerhin zu mehr als einem Drittel aus unkonventionellen Lagerstätten (59,5 Mrd. m³).[32]

Die Gewinnung In Australien und China beschränkte sich bisher auf Kohleflözgas. Im Vergleich zu den USA waren die Mengen aber äußerst gering. Australien förderte lediglich 2,8 Mrd. m³ (0.7 % der gesamten australischen Erdgasproduktion). China begann bereits 2005 mit der Produktion mit dem Ziel diese bis zum Jahr 2010 auf 10 Mrd. m³ pro Jahr auszuweiten. Allerdings wurde diese Vorgabe deutlich verfehlt. Tatsächlich wurden nur 1,2 Mrd. m³ (1,5 % der gesamten chinesischen Erdgasproduktion) Kohleflözgas gewonnen.

2.3 Wirtschaftliche Rahmenbedingungen

Ob Ressourcen zu Reserven werden und ob Erdgas aus nicht-konventionellen Lagerstätten produziert wird, hängt in erster Linie von zwei Faktoren ab. Zum einen

[32] Vgl. IEA (2012), S.102ff.

sind das die wirtschaftlichen Bedingungen, wie zukünftige Preis und Kostenentwicklungen und zum anderen politische Rahmenbedingungen. Um den zukünftigen globalen Einfluss von nicht-konventionellen Erdgasen prognostizieren zu können, ist es fundamental zu verstehen, welche Faktoren die Förderung begünstigen. Abschnitt 3.3.1 basiert auf Entwicklungen bzw. Erfahrungen, die bisher in den USA gemacht wurden.

Aber nicht alle Experten gehen davon aus, dass in USA unkonventionelles Erdgas zu derart günstigen Preise produziert werden kann, wie es von der Industrie dargestellt wird. Die derzeitige Diskussion, warum das nicht für möglich gehalten wird und was die Industrie diesen Argumenten entgegnet, wird in Kapitel 2.3.2 dargestellt.

2.3.1 Erfolgsfaktoren in den USA

In den USA haben insbesondere zwei Entwicklungen zu einem Shale Gas-Boom geführt. Zum einen ist der Erdgaspreis zwischen 2000 und 2008 enorm angestiegen und zum anderen konnten die Produktionskosten um ein Vielfaches gesenkt werden. Diese Entwicklungen haben auch dazu beigetragen, dass neben der Erdgasgewinnung aus Schiefergesteinen, sowohl die Förderung von Tight Gas als auch von Kohleflözgas im Vergleich zu konventionellem Erdgas- wettbewerbsfähiger geworden ist (s. Abbildung 6).

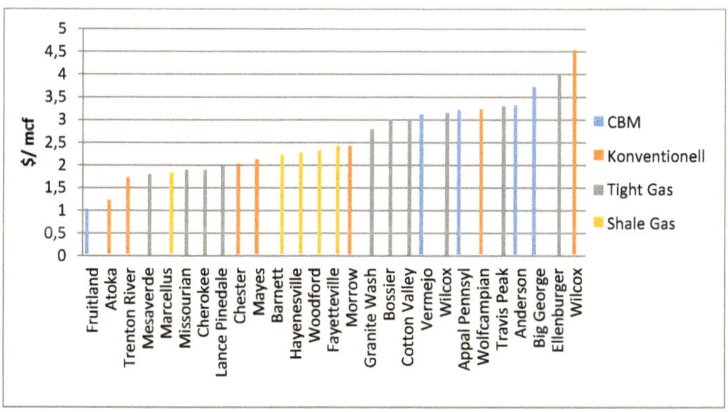

Abbildung 6: Langfristige Grenzkosten für konventionelle und unkonventionelle Erdgasfelder (Quelle: Eigene Darstellung nach Gény 2010, S.15)

Diese Faktoren können aber nicht nur getrennt voneinander betrachtet werden. Schließlich haben die gestiegenen Preise einen großen Einfluss auf Investitionen, vor allem in Forschung und Entwicklung und demzufolge auch auf die Kostenreduktion.

Fehler! Verweisquelle konnte nicht gefunden werden. und Abbildung 5 veranschaulichen den Produktionsanstieg aus unkonventionellen Erdgasfeldern in Folge der Preissteigerungen. Die Preise waren zwar volatil, aber über den gesamten Zeitraum gesehen hat sich das Preisniveau zwischen 2000 und 2008 fast verdoppelt. Insbesondere die Förderung von Shale Gas hat, wie in Abbildung 5 zu erkennen, infolge dessen stark zugenommen.

Der entscheidende Schritt zur Kostenreduktion gelang 2006 durch die Kombination von horizontalem Bohren und hydraulischer Rissbildung. Beide Techniken waren zu diesem Zeitpunkt aber schon bekannt. Heute werden bereits 80 % aller Shale Gasfelder horizontal gebohrt, 2000 waren es lediglich 10 % (s. Abbildung 7).

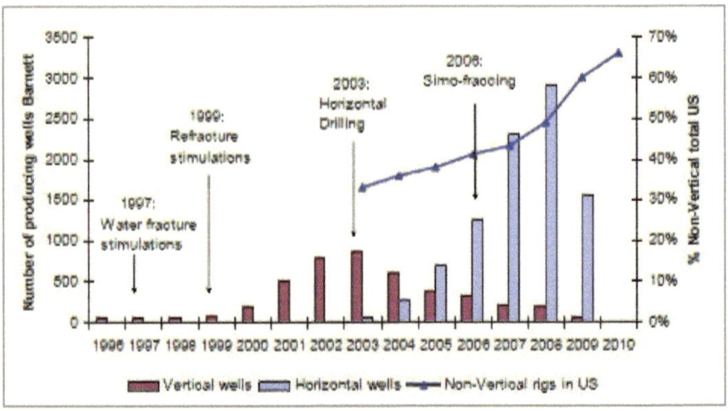

Abbildung 7: Entwicklung der Anzahl der horizontalen Bohrlöcher (Quelle: Gény 2010., S.27)

Bereits 1997 wurde im Barnett Shale in Texas die Technik des hydraulischen Stimulierens (allerdings ohne Chemikalien) angewandt. Auch das horizontale Bohren kam schon im Jahr 2003 zum Einsatz (s. Abbildung 7). Zur Anfangszeit wurden noch drei Monate benötigt, um 800 Meter horizontal zu bohren. Mittlerweile sind nur noch 30 Tage erforderlich um 1.200 Meter zu bohren. Letztendlich ist es kontinuierlichen Verbesserungen, sowie der Kombination der beiden Verfahren zu verdanken, dass Shale Gas kommerziell förderbar ist.[33]

Ein Beispiel für diese Entwicklung zeigt Abbildung 8, in der die stetigen Kostenreduzierungen zur Erschließung eines Bohrloches im Marcellus Shale dargstellt sind.

[33] Vgl. IEA (2012), S.54.

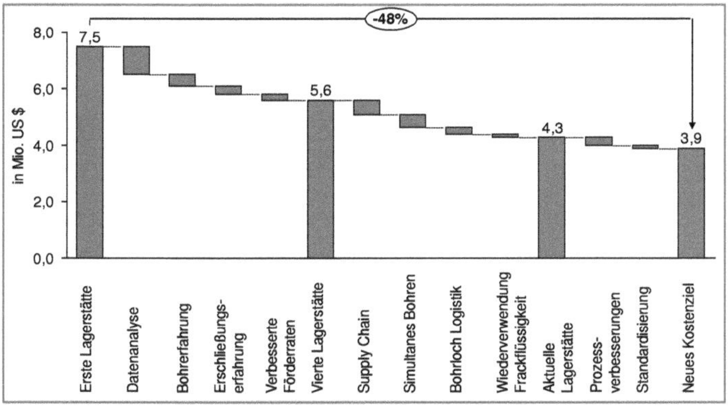

Abbildung 8: Entwicklung der Erschließungskosten am Beispiel des Marcellus Shale (Quelle: Eigene Darstellung nach Gény 2010, S.83)

Während die Erschließung des ersten Bohrloches noch 7,5 Mio. Dollar gekostet hat, ist dies inzwischen deutlich günstiger. Dank verbesserter Datenanaylse, Lerneffekten aus den ersten Bohrungen, logitsichen Prozessverbesserungen sowie weiteren technischen Entwicklungen ist dies mittlerweile für 4,3 Mio. Dollar möglich. Das bedeutet, dass die Erschließungskosten binnen weniger Jahre um 48 % gesenkt werden konnten. Ziel ist es, die Aufwendungen auf 3,9 Mio. Dollar zu reduzieren, womit die Kosten sich im Vergleich zu den ersten Bohrungen fast halbieren würden (s. Abbildung 8).

Zu den oben genannten technischen Verbesserungen zählen das ab 2007 angewandte Verfahren des multiplen Bohrens, sowie das simultane Fracken in mehreren Ebenen. Bei dem multiplen Bohren, wird ausgehend von einer Hauptbohrung in mehrere Richtungen gebohrt. Damit hat sich die Größe der unterirdisch gebohrten Fläche um ein Vielfaches erhöht. Durch das zeitgleiche und stufenweise Fracken kann die Flüssigkeit auf mehreren Ebenen gleichzeitig eingepresst werden. Üblich war die simultane Rissbildung in den letzten Jahren auf bis zu 20 Ebenen.[34]

Da die Suche nach alternativen Lagerstätten mit außerordentlich hohen Aufwendungen und wirtschaftlichen Risiken verbunden ist, gilt es, die Gebiete einzugrenzen, in denen gute Erfolgschancen für eine kostengünstige Förderung bestehen. Daher sind - neben den technischen Fortschritten - besonders die Weiterentwicklungen im Bereich der geowissenschaftlichen Untersuchungen zur Bestimmung der spezifischen Eigenschaften der Gesteinsformationen hervorzuheben.

[34] Vgl. IEA (2012), S.401.

Dieser Prozess bleibt oft unerwähnt, da es sich hierbei um eine kontinuierliche Entwicklung handelt und nicht um eine spezielle Neuerung, die die Förderung revolutioniert hat. Zum Beispiel ermöglicht die moderne 3D-Seismic-Technik[35] eine dreidimensionale Analyse von Gesteinsformationen in bis zu 6.000 m Tiefe, sodass bereits vor den Bohrungen Informationen über die jeweilige Gaskonzentration und über die Eigenschaften der Gesteinsformationen, wie Tiefe, Mächtigkeit, Permeabilität oder Druckverhältnisse vorliegen. Dank dieser Fortschritte konnten in den vergangenen Jahren Risiken reduziert und Fehlbohrungen vermieden werden, sowie sogenannte Sweet-Spots[36] leichter identifiziert werden.[37]

Ein Blick auf die Entwicklung des Förderprofils des Barnett Shales unterstützt diese Aussagen, da Lagerstätten, aus denen Erdgas leichter gefördert werden kann, schneller lokalisiert werden konnten. Wurden 2005 noch 0,65 Millionen ft^3 pro Tag (mmfcd) gefördert, waren es 2007 bereits 0,82 mmfcd. Das entspricht einer Steigerung der Produktion von 26 % innerhalb von zwei Jahren. Demzufolge gehen einige Experten der Energiebranche aufgrund der Lernkurveneffekte von einer jährlichen Kostenreduktion von 20 % bis 35 % pro Jahr aus (s. Abbildung 9).

Erdgas kann inzwischen aus Gesteinsformationen, die bis zu 2.500 m tief sind und sich bis zu 3.000 m horizontal erstrecken, ökonomisch-sinnvoll gewonnen werden. Bei tieferen Erdgaslagern (ab 3.000 m) kann eine horizontale Bohrung bis zu 10 Millionen Dollar kosten. Zum Verleich: Eine vertikale Bohrung kostet knapp eine Million Dollar. Aufgrund des noch relativ großen Kostenunterschieds zwischen einer vertikalen und einer horizontalen Bohrung ist vor allem die Entwicklung der Förderraten von großer Bedeutung. Die IEA hat in einer Studie mehr als 7.000 Bohrlöcher des Barnett Shales hinsichtlich der Produktionsraten untersucht. Die Analyse kam zu dem Ergebnis, dass die Förderraten mit zunehmender Produktion zunächst stark ansteigen, der Produktionshöhepunkt eines einzelnen Bohrloches aber schnell überschritten wird (s. Abbildung 16).[38]

---

[35] Prinzip der 3D-Seismik besteht darin, Schallwellen zu erzeugen und deren Echo von den verschiedenen Gesteinsschichten des Untergrundes aufzufangen.

[36] Sweet-Spots: Reservoirs, die über optimale geologische Förderbedingungen verfügen.

[37] Vgl. Stevens (2010), S.13.

[38] Vgl. Trueb (2012), S.6.

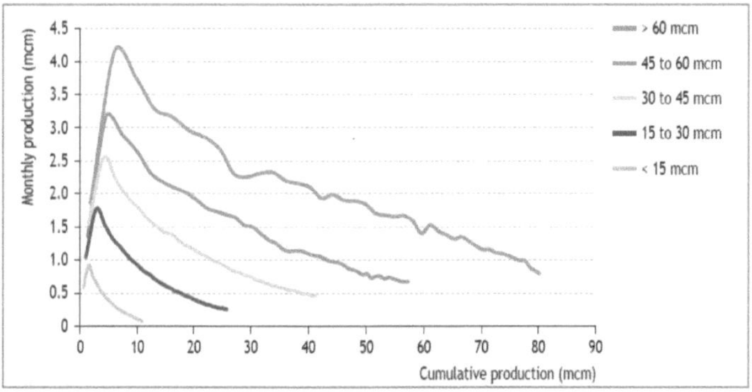

Abbildung 9: Entwicklung der Förderraten in 1.000 m³ am Beispiel des Barnett Shale (Quelle: IEA 2009b, S.404)

Bei einer Untersuchung des Fayetteville Shale wurde ebenfalls festgestellt, dass die Förderraten bei einzelnen Bohrungen wesentlich schneller nachlassen als bei konventioneller Gasförderung. Doch wurde auch hier nachgewiesen, dass dank der verbesserten Sweet-Spots-Identifizierung zumindest die Anfangsförderraten der neuen Bohrlöcher deutlich größer waren als bei früheren Bohrungen.[39]

Aufgrund der früh nachlassenden Produktionsraten der einzelnen Bohrlöcher kann die gesamte Produktion eines unkonventionellen Erdgasfeldes nur ausgeweitet werden, indem schnell genug neue Bereiche der Lagerstätte erschlossen werden und der Frack-Vorgang bei bestehenden Bohrlöchern wiederholt angewandt wird, da die Förderraten im Gegensatz zu konventionellen Bohrlöchern nicht um einige Prozent pro Jahr, sondern pro Monat zurückgehen.[40]

Die IEA geht davon aus, dass unter der Annahme, dass 27 Jahre jährlich 800 neue Bohrlöcher erschlossen werden, ein Schiefergebiet nach sieben Jahren ihren Produktionshöhepunkt erreicht, anschließend aber über 25 Jahre konstant auf diesem Niveau produzieren kann. Das hypothetische Produktionsprofil ist in Abbildung 10 dargestellt.

[39] Vgl. Mason (2011), S.1ff.

[40] Vgl. IEA (2009b), S.405.

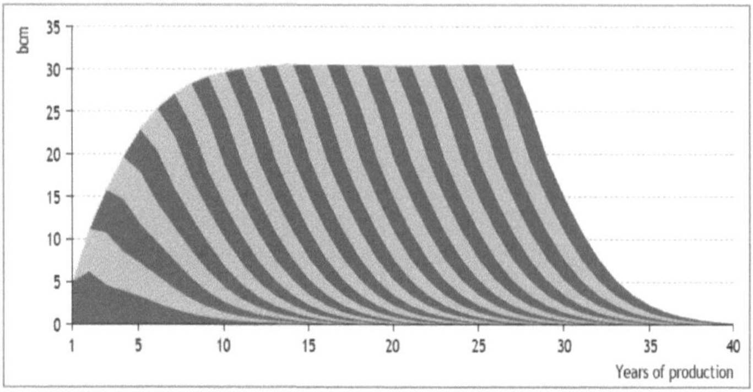

Abbildung 10: Hypothetisches Produktionsprofil in Mrd. m³des Barnett Shale (Quelle: IEA 2009, S.409)

Ein weiterer, sich vorteilhaft auf die Förderkosten auswirkender Faktor in den USA ist die Struktur des Servicesektors. Dieser ist in den USA, wie der gesamte Erdgasmarkt, wettbewerblich geprägt. Es gibt eine Reihe von Unternehmen, die Bohrequipment und Fachpersonal zur Verfügung stellen können. Mit steigender Nachfrage hat sich neben der Anzahl der Anbieter auch die Anzahl der speziellen horizontalen Bohranlagen vervielfacht. Neben dem positiven Effekt, dass die Dienstleistungen zu moderaten Preisen angeboten werden, führte dies auch zu einer enormen Kapazitätsausweitung. Inzwischen werden sogar Komplettlösungen angeboten. Zum Beispiel stellt die Firma Chesepeake neben Bohranlagen auch Spezialisten auf dem Gebiet der Geologie zur Analyse der Gasfelder zur Verfügung.[41]

Die US-Erfahrung hat gezeigt, welche Faktoren die Kosten für Exploration und Produktion von unkonventionellem Erdgas beeinflussen. Es stellt sich allerdings die Frage, ob diese Erfahrungswerte auch für andere Regionen nützlich sein können. Da andere Regionen, wie beispielsweise Europa oder China, bisher maximal Probebohrungen durchgeführt haben und nur über ein geringes Fachwissen verfügen, wollen diese Regionen von einem Technologie-Transfer profitieren, wobei damit nicht nur das Kopieren des Verfahrens gemeint ist, sondern ebenso die Beschäftigung von amerikanischen Fachkräften und die Übernahme der Logistik.

Diesbezüglich stellen unterschiedliche geophysikalische Eigenschaften die ersten Probleme dar. Insbesondere europäischen Reservoirs werden wesentlich schlechtere Lagerstätten-Charakteristika nachgesagt. Einerseits sollen sie sich deutlich tiefer unter

[41] Vgl. Gény (2010), S.39f.

der Erde befinden und andererseits wurde analysiert, dass in den Gesteinsformationen ein höherer Druck herrscht.

Die Entwicklung in den USA hat gezeigt, dass die größten Einsparpotentiale in der zeitlichen Reduzierung der verschiedenen Prozesse zu finden sind. Vor allem Bohrungs- und Erschließungsarbeiten können inzwischen mit einem wesentlich geringeren Zeitaufwand abgeschlossen werden. Gleichzeitig konnten die geförderten Mengen erhöht werden. Dank der US-Erfahrung können andere Regionen, zumindest das Produktionsverfahren betreffend, viele Jahre Entwicklungszeit sparen. Unternehmen wie Schlumberger, sind der Meinung, dass Kosten in erster Linie durch Zusammenarbeit von großen Konzernen reduziert werden können. Ihrer Meinung nach ist langfristig eine Kostensenkung von bis zu 50 % möglich. [42]

Ein Problem für andere Regionen ist vor allem die bisher mangelhafte Kenntnislage hinsichtlich der geologischen Bedingungen. Es fehlen zum Teil grundlegende Informationen zur Beurteilung der Gesteinsformationen, wie z.B mineralogische Zusammensetzungen, Porosität oder Gasinhalte.

2.3.2 Kostendiskussion in den USA

Infolge der enorm gesunkenen Gaspreise (s. **Fehler! Verweisquelle konnte nicht gefunden werden.**) in den USA seit 2008 haben sich verschiedene Meinungen gebildet. Die Diskussion dreht sich insbesondere um den sogenannten Break-Even-Preis, der dem Preis entspricht ab dem es ökonomisch-sinnvoll ist, unkonventionelles Erdgas zu fördern.

Die Shale Gas Industrie ist der Meinung, dass bei einem Gaspreis von \$3-4/mmbtu (107-112 €/ 1.000 m³) Gewinne erzielt werden können. Noch größere Optimisten behaupten sogar, dass eine gewinnbringende Förderung bei einem Preis von \$2,5/mmbtu (70 €/ 1.000 m³) möglich sei. [43]

Die Gegenseite geht davon aus, dass mindestens ein Preis von \$7-8/mmbtu (195-220 €/ 1.000 m³) erzielt werden muss, um die Grenzkosten zu decken. Allen voran der renommierte Geologe Art Berman und Ben Dell von Bernstein Ressearches sind der Meinung, dass die meisten Shale Gasfelder bei aktuellen Kapital- und Betriebskosten unwirtschaftlich sind. Den optimistischen Einschätzungen der Shale Gas Produzenten schenken sie keinen Glauben. [44]

[42] Vgl.Gény (2010), S.84.
[43] Vgl. IEA (2010a), S.184.
[44] Vgl. Berman (2011a), S.6.

Auch die Prognosen der EIA werden kritisch betrachtet. Bermans Ansicht nach wird sowohl die zukünftige Produktion als auch die Entwicklung der Kostensenkungen zu positiv vorhergesagt. Die Fehleinschätzungen resultieren in erster Linie aus zu niedrig angenommenen langfristigen Kosten der Produktion, sowie zu optimistisch berechneten Förderprofilen.[45]

Berman geht davon, dass Unternehmen, die behaupten eine Förderung von Shale Gas sei für $5/mmbtu (138 €/ 1.000m³) möglich, signifikante Kostengrößen, wie z.B. Kosten für Fehlbohrungen oder Zinsaufwendungen, in ihrer Berechnung vernachlässigen. Zudem ist laut Berman noch nicht bewiesen, wie groß die Kostenersparnis durch die neuen Förderverfahren wirklich ist, da zwar die gesamte Förderung zunimmt, aber die Kosten auch mindestens zwei bis drei Mal so hoch sind wie bei der Produktion aus vertikal gebohrten Bohrlöchern. Ein weiterer Kritikpunkt ist Bells Meinung nach, die zu positive Modellierung der Förderraten. Oftmals veröffentlichen Unternehmen diese ohne eine genaue Definition, wie lang ein Gasfeld diese Rate fördern kann. Jedoch ist bekannt, dass die Produktionsraten je nach Gesteinsformation stark variieren, die Profitabilität aber stark von den produzierten Mengen abhängt. Der entscheidende Fehler sei, dass die prognostizierten gewinnbaren Gasmengen und die Lebensdauer eines Bohrloches auf Basis der anfänglichen Förderraten bestimmt werden. In einer Studie kam er allerdings zu dem Ergebnis, dass die Produktion aus einem Bohrloch Jahr für Jahr stark nachlässt, wie auch die Analyse der IEA gezeigt hat (s. Abbildung 9).

Daher kommt er zu dem Resultat, dass auch die neuerschlossenen Bohrlöcher im Haynesville, Fayettville oder Marcellus Shale nicht profitabel sein können. Auch hier wurden anhand hoher anfänglicher Produktionsraten (Initial Production (IP)) große förderbare Mengen vermutet. Auf Basis dieser Prognose und vermeintlich niedriger Erschließungskosten wurden die oben genannten Shale Gasfelder als sehr rentabel eingestuft. Berman entgegnet jedoch, dass mit einer hohen IP auch ein schneller Produktionsrückgang einhergeht. Auch weitere Fracking-Aktivitäten konnten die Output-Situation nicht verbessern. Außerdem identifizierte Berman nur wenige Sweet-Spots, was letztendlich zu seiner Bewertung führte, dass die neuen Felder weniger profitabel seien als das Barnett Shale.[46]

Aufgrund dessen und der Annahme, dass nur ein geringer Teil des Barnetts Shales eine herausragende Qualität aufweist, behauptet er, dass ca. 50 % des gesamten Feldes ab einem Preis von $ 12/mmbtu (336 €/ 1.000m³) kommerziell förderbar sei. In diesem

[45] Vgl. Berman (2011b).

[46] Vgl. Berman (2011a), S.11.

Punkt pflichtet die International Energy Agency Berman bei. Die IEA hat errechnet, dass der Großteil des Barnett Shales bei einem Preis von $ 6/mmbtu (168 €/ 1.000 m³) nicht wirtschaftlich sei. Je nach Qualität der Lagerstätte sei ihrer Ansicht nach ein Preis von $ 4 - 13/mmbtu (112-364 €/ 1.000 m³) nötig.[47]

Auf der anderen Seite verweist die Shale Gas Industrie darauf, dass man sich immer noch in einem fortschreitenden Lernprozess befindet, der zu weiteren Verbesserungen, einschließlich Kostenreduktionen führen wird und somit die optimistischen Prognosen rechtfertigt. Recht gibt ihnen ein Vergleich der IEA: Während ein Prozess von 25 Jahren nötig war um im Barnett Shale eine tägliche Produktion von 50.000 m³ Erdgas zu erreichen, gelang das im Fayettville Shale nach nur fünf Jahren.[48]

Gas- und Ölkonzerne behaupten, dass der Innovationsprozess noch nicht am Ende sei. Gerne verweisen sie auf weiter zunehmende Lernkurveneffekte bei steigender Produktion. Vor allem die Produktionstechniken werden immer effektiver und genauer. Auch der Auf-und Abbau der mobilen Bohranlagen hat sich rasant entwickelt. Das führt zu enormen Zeiteinsparungen für den gesamten Prozess. Ein Shale Gasfeld wird heute bis zu fünfmal schneller erschlossen als zu Anfangszeiten.[49]

Weitere Fortschritte werden permanent bei der hydraulischen Rissbildung erzielt. Immer mehr Ebenen können simultan gefrackt werden und insbesondere die Zusammensetzung der Flüssigkeit kann zu weiteren Zeiteinsparungen führen. In erster Linie soll die verbesserte Flüssigkeit aber dazu führen, die entstandenen Risse länger offenzuhalten um somit langfristig höhere Förderraten zu erzielen.

Die Optimisten sprechen sogar von einem Paradigmen-Wechsel in den USA. Sie sind der Meinung, das unkonventionelle Erdgas habe das konventionelle längst abgelöst und es sei wesentlich günstiger förderbar. Tom Descoll (Barclays) geht sogar so weit, dass die niedrigen Produktionskosten der Grund für die gesunkenen Gaspreise sind. Der Behauptung, dass die meisten Shale Gasproduzenten Verluste machen, entgegnen diese, dass dies bei Beginn neuer Verfahren normal wäre, sich aber viele Unternehmen einen Wissensvorsprung aneignen um langfristig in den USA, aber auch in anderen Regionen gewinnbringend fördern zu können.[50]

Recht geben ihnen aktuell ständig neue, anscheinend günstiger erschlossene Felder und rekordverdächtige Produktionsraten und -volumen. Bleibt zu klären, zu welchem

[47] Vgl. IEA (2009b), S.406.
[48] Vgl. IEA (2010a), S.184.
[49] Vgl. ASPO-USA (2009), S.10.
[50] Vgl. WRI (2012), S.4ff.

Preis das geschieht und wie viel unkonventionelles Erdgas zu solch niedrigen Preisen gewonnen werden kann.

2.4 Umweltpolitische Rahmenbedingungen

Die Förderung aus unkonventionellen Lagerstätten hat aber auch negative Nebeneffekte. Bei der amerikanischen Produktion kam es bereits zu einigen Unfällen und Umweltproblemen. Welche Auswirkungen die Förderung auf die Natur und die menschliche Bevölkerung haben kann, wird in Kapitel 2.4.1 beschrieben. Darüber hinaus wird in Kapitel 2.4.2 ein Ausblick für Regionen gegeben, die voraussichtlich ebenfalls mit der Erdgasförderung aus nicht-konventionellen Lagerstätten beginnen könnten, wie die im Folgenden hauptsächlich betrachteten Regionen China oder Europa.

2.4.1 Erfahrungen aus den USA

Neben steigenden Preisen und dem technologischen Durchbruch wird ebenso die Lockerung der Umweltgesetze in den USA als ein Schlüsselfaktor betrachtet. Auffällig ist, dass die steigende Shale Gasförderung zeitgleich mit der Verabschiedung eines neuen Umweltgesetzes einsetzt. Viele Experten gehen sogar davon aus, dass die umweltpolitischen Entscheidungen einen größeren Einfluss auf die Erhöhung der Fördermengen haben als der technische Fortschritt. Die diesbezüglich wichtigste Gesetzesänderung war die Einführung des „Clean Energy Act", der im Jahr 2005 verabschiedet wurde. Durch das Gesetz wurde eine Ausnahmeregelung des „Save Drink Water Act" (SDWA) beschlossen, der 1974 verabschiedet wurde. Der SDWA sah seiner Zeit vor, dass jede Aktivität, die den Schutz des Trinkwassers gefährdet, der Umweltbehörde angezeigt und von dieser genehmigt sowie überwacht werden muss. Das galt insbesondere für Bohrungen nach Öl und Gas. Die 2005 erlassene Ausnahmeregelung beinhaltete, dass Öl- und Gasexplorations- und Förderaktivitäten in großer Tiefe vom SDWA ausgenommen sind. [51]

Seit der Lockerung des Gesetzes sind die Öl- und Gasfirmen der Umweltbehörde keinerlei Rechenschafft mehr darüber schuldig, welche Chemikalien zur Unterstützung der Förderung in die Erde gepresst werden. Des Weiteren sind sie nicht dazu verpflichtet Angaben über die Menge der verbleibenden Chemikalien im Untergrund zu machen oder Informationen darüber preiszugeben, was mit der zurückgespülten Flüssigkeit passiert. Seitdem gab und gibt es viele Einwendungen und Untersuchungen,

---

[51] Vgl. CEPS (2010), S.3.

die Bezug nehmen auf die Auswirkungen der Frack-Aktivitäten, auf die Sicherheit des Grund- und Trinkwassers, sowie Emissionen und andere negative Nebeneffekte, die durch das Bohrverfahren, insbesondere das hydrauliche Fracken, verursacht werden.[52]
Durch die Förderung können verschiedene Probleme auftreten. Neben einem enormen Flächen- und Wasserverbrauch kommt es zu Verunreinigungen des Trink- und Grundwassers, zu Luftverschmutzungen und Lärmbelästigungen, sowie zu Erdbeben, die durch die Rissbildung im Gestein verursacht werden können.[53]

Die Erschließung von Gesteinsformationen erfordert riesige Bohrflächen. Zudem wird Platz für technische Ausrüstung, die Lagerung von Chemikalien, Stützmitteln und Wasser, sowie für den LKW-Verkehr benötigt. Eine typische Bohrfläche erstreckt sich während der Bohr-und Fracking-Phase über ein Gebiet von bis zu 20 km^2. Auch wenn ein Teil der Fläche nach Beendigung der Erschließungsphase saniert wird, ist die Bohrfläche während der Produktion immer noch bis zu 12 km^2 groß. Weitere Gebiete werden in den USA für Abwasserteiche benötigt, in denen die aus den Bohrlöchern zurückfließende Flüssigkeit entsorgt wird.[54]

Ein weiteres Problem ist der Wasserverbrauch, sowie die Wasserverunreinigung. Für das hydraulische Fracken wird zur Stimulierung des Bohrloches zehnmal so viel Wasser benötigt wie bei der konventionellen Erschließung. Ältere Bohrlöcher haben ca. 15 Millionen Liter für einen Frack-Abschnitt benötigt. Beim simultanen Fracken mehrerer Ebenen, werden etwa 20 Millionen Liter Wasser verbraucht. Für die langfristige Nutzung der Bohrlöcher ist oftmals mehrfaches Fracken notwendig um die Risse offenzuhalten. Bei jedem weiteren Fracking-Prozess wird mehr Wasser als zuvor benötigt.[55]

Eine ernsthafte Gefahr stellt die gelegentliche Infiltration des Fracking-Wassers in das viel höher gelegene Grundwasser dar. In der Regel wird die Bohrung bei Durchqueren der grundwasserführenden Schicht von einem zementierten Ring umgeben. Auch die Shale Gas Produzenten argumentieren, dass keine Gefahr bestünde, da die Frackflüssigkeit erst tief unter der Grundwasserschicht mit Erdschichten in Berührung kommt. Doch kann es durch den hohen Druck zu einem Aufbrechen des Zementringes kommen, wodurch die Chemikalien ins Grundwasser gelangen können. Die Belastung entsteht also hauptsächlich durch Chemikalien, die als Bestandteil der Fracking-Flüssigkeit in die Erde gepresst werden sowie durch austretendes Methan. In Ohio ist

[52] Vgl. Europäisches Parlament (2011), S.17f.
[53] Vgl. IEA (2010a), S.186ff.
[54] Vgl. Europäisches Parlament (2011), S.21.
[55] Vgl. Gény (2010), S.67.

aufgrund einer methanverseuchten Wasserleitung sogar ein Haus explodiert sein. Eine Analyse von 260 in Frack-Flüssigkeiten nachgewiesenen Substanzen der Umweltbehörde des Bundesstaates New York kam unter anderem zu dem Ergebnis, dass 17 der Stoffe als giftig für Wasserorganismen gelten und sechs im Verdacht stehen krebserregend zu sein. Insgesamt wurden 58 Stoffe als besorgniserregend eingestuft, da sie Auswirkungen auf die Gesundheit der Menschen und die Umwelt haben könnten.[56]

Ebenfalls besonders problematisch war in Amerika bisher die Entsorgung des zurückgespülten Abwassers, das aus einem Gemisch der eingepressten Hydrofracking-Flüssigkeit, Methan und zusätzlichen chemischen Verbindungen besteht. Laut verschiedenen Quellen fließen zwischen 9 % und 50 % der Flüssigkeit bei nachlassendem Druck zurück an die Oberfläche, wobei ein Teil des Wassers für weitere Fracking-Aktivitäten wiederverwendet wird. Darüber hinaus sind in den USA mehrere Vorfälle unsachgemäßer Entsorgung bekannt. Bspw. wurde gegen das Unternehmen Talisman Energy eine Geldstrafe verhängt, da Abwasser in Feuchtgebieten und in einem Nebenfluss des Webier Creek nachgewiesen wurde, der auch zur Fischerei genutzt wird.[57]

Für die Luftverschmutzung sind vor allem LKW- und Bohranlagen, die Verarbeitung von Erdgas oder die Verdunstung von Chemikalien verantwortlich. Neben starken Kohlenwasserstoffemissionen verursachen LKWs und Bohrausrüstungen einen enormen Lärmpegel. Besonders betroffen war die Gemeinde Dish in Texas. Ausgehend von mehreren Beschwerden der Gemeinde wurde eine umfassende Emissionsanalyse für das Barnett Shale in Auftrag gegeben. Einige Luftproben kamen zu dem Ergebnis, dass Luftgrenzwerte um mehr als den Faktor 100 überschritten wurden. In einer Untersuchung wies die texanische Kommission für Umweltqualität in der Umgebung des Barnett Shale Gebiets drastisch erhöhte, teils krankheitserregende Emissionswerte nach. Insbesondere an Bohrausrüstungen und Lagertanks werden, laut dieser Analyse, große Mengen an Kohlenwasserstoffdämpfen freigesetzt. Aufgrund des kurzen Erfahrungszeitraums ist über tatsächliche gesundheitliche Auswirkungen, die vor allem über Emissionen in Luft und Wasser entstehen, wenig bekannt.[58]

Ein weiterer negativer Nebeneffekt ist die signifikante Zunahme von kleinen Erdbeben der Stärken eins bis drei, für die das Förderverfahren verantwortlich sein soll, sowie

[56] Vgl. Europäisches Parlament (2011), S.26f.
[57] Vgl. Europäisches Parlament (2011), S.30f.
[58] Vgl. ASPOI (2010), S.27.

die durch das Fracking-Verfahren freigesetzten radioaktiven Stoffe wie Uran, Radium oder Thorium.[59]

Die Probleme in Amerika beruhen in erster Linie auf unsachgemäßem Vorgehen. Viele Verstöße hätten durch strengere Vorschriften und Überwachungen verhindert werden können. Mittlerweile wurden die Sicherheitsvorschriften in den USA zumindest teilweise angepasst. So werden zum Schutz des Grundwassers im oberen Teil des Bohrloches sieben konzentrische Barrieren aus Stahlrohr und Zementmörtel gefordert. Des Weiteren wird vor dem Abteufen einer Bohrung in den gasführenden Schichten jeder Brunnen in der Umgebung auf Methan untersucht. Auch der Lärmpegel soll durch schalldichte Matten gedämpft werden.

2.4.2 Aussichten für Europa und China

Für andere Regionen, wie Europa oder China, die die Explorationstätigkeiten aktiv vorantreiben wollen, sind die Umweltauswirkungen aus Mangel an Erfahrung noch nicht dokumentiert. Da jedoch in der verwendeten Technologie kein großer Unterschied bestehen wird, kann von ähnlichen Folgen ausgegangen werden.

Darüber hinaus wird sich vor allem Europa weiteren Herausforderungen stellen müssen. Im Gegensatz zu den USA könnte der hohe Wasserverbrauch für Europa ein großes Problem darstellen. Insgesamt verfügt die USA über die dreifache Menge an Wasserressourcen. Dennoch ist das vorhandene Volumen der Wassermengen nicht das Hauptproblem in Europa, sondern die regionale Verteilung. Insbesondere Staaten, die erste Probebohrungen veranlassten wie Deutschland oder Polen, verfügen über sehr geringe Wasserbestände. Des Weiteren sind die vermuteten Vorkommen wesentlich tiefer unter der Erdoberfläche zu finden. Daraus könnte resultieren, dass ein geringer Teil der injizierten Flüssigkeit zurückgespült wird und somit weniger Wasser wieder verwendet werden kann, was schließlich zu einem noch höheren Wasserverbrauch als in den USA führen würde.[60]

Ein weiteres grundsätzliches Problem ist die Größe der zur Verfügung stehenden Grundstücke. Die einzelnen Flächen sind in der Regel zu klein um Explorationstätigkeiten durchzuführen, was die Identifikation der Sweet-Spots maßgeblich erschwert. Gründe hierfür sind die hohe Bevölkerungsdichte (s. Abbildung 11), die enge Bebauung und die zahlreichen Naturschutzgebieten, sowie Richtlinien zum Schutze des Grundwassers.

[59] Vgl. Europäisches Parlament (2011), S.31ff.
[60] Vgl. Gény (2010), S.70.

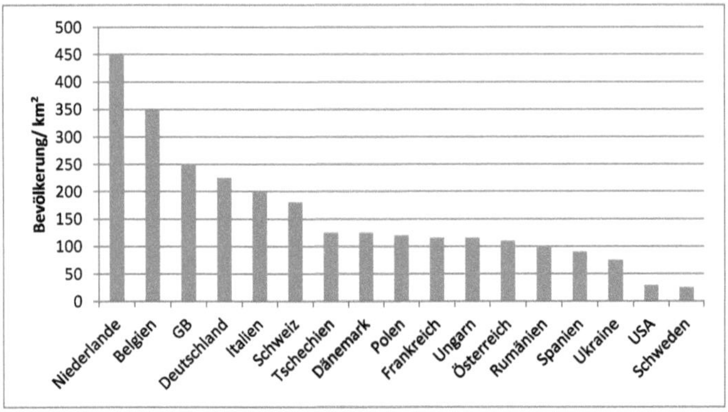

Abbildung 11: Bevölkerungsdichte in den europäischen Staaten und den USA (Quelle: Eigene Darstellung nach Gény 2010, S.74)

Auch was die Förderung in Nähe von dicht besiedelten Gebieten betrifft, unterliegen die USA weniger strengen Vorschriften. Zum Beispiel befindet sich das Barnett Shale in unmittelbarer Nähe zu einem der bewohntesten Gebiete der USA, in dem 706 Menschen pro km² leben. Ein Blick auf Abbildung 11 zeigt, dass kein europäisches Land eine ähnlich hohe Bevölkerungsdichte vorweisen kann. Dieser Vergleich zeigt, dass stark bewohnte Gebiete, zumindest in den Augen der Amerikaner, kein Hindernis sein müssen. In der Regel befinden sich die Fördergebiete in den USA aber in großer Entfernung zu Wohngebieten, was aufgrund der großen zur Verfügung stehenden Flächen bei einer Bevölkerungsdichte im gesamten Land von 30 Menschen pro km² gut möglich ist (s. Abbildung 11).

Aufgrund der hohen Bevölkerungsdichte ist es für die europäischen Staaten wichtig weitere Fortschritte im Bereich der Seismologie zu machen um bereits im Vorhinein die geologischen Charakteristika zu identifizieren. Aufgrund der geringen freien Flächen können sie sich nicht die Menge an Fehlbohrungen leisten wie die USA. Für China ist die Bevölkerungsdichte hingegen ein kleineres Problem. Die bisher identifizierten Shale Gas- und Kohleflözgasgebiete sind in gering besiedelten Regionen lokalisiert worden.[61]

Ebenfalls problematisch ist es in Europa einen Zugang zu potentiellen Bohrgebieten zu bekommen. Auch hier unterscheiden sich die europäischen Richtlinien stark von den amerikanischen. In den USA haben die Landbesitzer die Rechte an den Bodenschätzen und diese werden somit für die Produktion auf ihrem Grundstück finanziell vergütet:

[61] Vgl. EUCERS (2011), S.35.

25 % der mit dem Gas erzielten Gewinne müssen an die Besitzer ausgezahlt werden. Die europäischen Grundstücksbesitzer hingegen können keinen großen finanziellen Nutzen aus den unter ihrem Grund befindenden Ressourcen schöpfen. Sie erhalten lediglich eine Gebühr für die Nutzung ihres Landes. Unternehmen haben die Möglichkeit, das Grundstück zu kaufen oder gegen eine Gebühr zu pachten. Eine weitere Möglichkeit wäre, dass der Staat sich das Land aneignet und an die Unternehmen verpachtet. In China besitzt der Staat die Mineralrechte und hält sich zudem die Möglichkeit offen, rohstoffreiche Territorien anzueignen und diese den Energieunternehmen zur Verfügung zu stellen.[62]

Zudem existiert in Europa im Gegensatz zu den USA ein umfassender Umwelt-Rechtsrahmen. Dieser enthält unter anderem die Wasserrahmenrichtlinie, die Grundwasserrichtlinie, sowie eine Abwasser- und Lärmrichtlinie. Die Bestimmungen helfen zwar dabei die umweltpolitischen Bedenken in Europa zu mindern, doch können sie für eine großräumige Erschließung und Produktion nicht-konventionellen Erdgas zu einem Hindernis werden. In Frankreich und den Niederlanden wurde die Förderung unkonventionellen Erdgases mittels Fracking aufgrund von Protestbewegungen verboten. Die Regierungen begründeten diese Maßnahme mit nicht vorhersehbaren Risiken für Mensch und Umwelt.[63]

Polen hingegen will um jeden Preis verhindern, dass neue produktionsblockierende EU-Richtlinien in Kraft treten, da bereits 86 Konzessionen zur Exploration von unkonventionellen Erdgasen vergeben wurden.[64]

Bezüglich der Umweltprobleme wollen die USA China unterstützen, indem sie anhand ihrer Erfahrungen bei der Entwicklung geeigneter Richtlinien helfen. In Chinawird unkonventionelles Gas ohnehin weniger mit Umweltproblemen in Verbindung gebracht. Viel mehr gilt es als Chance, eine Alternative zu bisher kohlelastigen Stromerzeugung zu bilden und somit die Umweltbelastungen zu reduzieren.[65]

[62] Vgl. Gény (2010), S. 72.
[63] Vgl. IEA (2011b), S.65.
[64] Vgl. IEA (2011b), S.58.
[65] Vgl. Deloitte (2011), S.5.

Literaturverzeichnis (inkl. weiterführender Literatur)

ARI (Advanced Resources International) (2009): Worldwide Gas Shale and Unconventional Gas: A Status Report, Arlington, http://www.adv-res.com/unconventional-gas-literature.asp#UnconventionalGas (10.7.2012).

ASPO (Association for the Study of Peak Oil and GAS) (2010): Unkonventionelles Erdgas, Ottobrunn, http://aspo-deutschland.blogspot.de/p/publikationen.html (4.7.2012).

ASPO-USA (2009): A Shale gas boom?, Washington DC, http://aspousa.org/2009/06/a-shale-gas-boom/ (23.6.2012).

Berman Arthur E. (2011b): EIA Annual Energy Outlook 2011: Don't Worry, Be Happy, Petroleum Truth Report, http://petroleumtruthreport.blogspot.de/2011/01/eia-annual-energy-outlook-2011-dont.html (12.6.2012).

Berman, Arthur E. (2011a): Shale Gas- The Eye of the Storm, Labyrinth Consulting Services, Calgary, http://www.artberman.com/presentations-publications (10.7.2012).

BGR (Bundesanstalt für Geowissenschaften und Rohstoffe) (2009): Energierohstoffe 2009: Reserven, Ressourcen, Verfügbarkeit, Hannover, http://www.bgr.bund.de/DE/Themen/Energie/Produkte/energierohstoffe_2009.html (24.5.20012).

BGR (Bundesanstalt für Geowissenschaften und Rohstoffe) (2011): Rohstoffinformationen. Reserven, Ressourcen und Verfügbarkeit von Energierohstoffen 2011, Hannover, http://www.bgr.bund.de/SharedDocs/GT_Produkte

/DERA_Rohstoffinformationen/rohstoffinformationen_genTab_DE.html (6.7.2012).

BP (British Petroleum) (2011): Statistical Review of World Energy 2011, London, http://www.bp.com/sectionbodycopy.do?categoryId=7500&contentId=7068481 (1.6.2012).

BP (British Petroleum) (2012): Statistical Review of World Energy 2012, London, http://www.bp.com/sectionbodycopy.do?categoryId=7500&contentId=7068481 (16.7.2012).

CEPS (Centre for European Policy Studies) (2012): Shale Fever: Replicating the US gas revolution in the EU?, CEPS Policy Brief, Nr. 210, Brüssel, http://www.ceps.be/book/shale-fever-replicating-us-gas-revolution-eu (10.7.2012).

Chiang, Alpha C.; Wainwright, Kevin und Nitsch, Harald (2011): Mathematik für Ökonomen, Grundlagen, Methoden und Anwendungen, Verlag Franz Vahlen, München.

Däuper, Olaf; Lokau, Bernhard (2009): Der Markt für Gas, in: Zenke, Ines und Schäfer Ralf (Hrsg.): Energiehandel in Europa – Öl, Gas, Strom, Derivate, Zertifikate, 2. Auflage, Verlag C.H Beck, München, S.37-59.

Deloitte (2011): Revolution or Evolution?, Washington DC, http://www.deloitte.com/view/en_US/us/Industries/oilgas/4470cda5e0820310VgnVCM1000001a56f00aRCRD.htm (1.7.2012).

EIA (U.S Energy Information Administration) (2011a): International Energy Outlook 2011, DOE/EIA-0484 (2011), Washington DC, http://www.eia.gov/forecasts/ieo/ (6.7.2012).

EIA (U.S Energy Information Administration) (2011b): Review of Emerging Resources: U.S. Shale Gas and Shale Oil Plays, Washington DC, ftp://ftp.eia.doe.gov/natgas/usshaleplays.pdf (3.7.2012).

EIA (U.S Energy Information Administration) (2011c): World Shale Gas Resources: An Initial Assessment of 14 Regions Outside the United States, Washington DC, http://www.eia.gov/analysis/studies/worldshalegas/ (12.7.2012).

EIA (U.S Energy Information Administration) (2012): Annual Energy Outlook 2012 with Projections to 2035, DOE/EIA-0383(2012), Washington DC, http://www.eia.gov/forecasts/aeo/ (5.7.2012).

Engerer, Hella; Horn, Manfred (2010): Unkonventionelle Gasressourcen unerwartet groß, Berlin, in: DIW Wochenbericht, Jg.47, Nr. 24, S.10-14.

Engerer, Hella; Horn, Manfred und Neumann, Anne (2009): Bei erneutem Gasstreit zwischen Ukraine und Russland: Wäre Europa jetzt gewappnet?, in: DIW Wochenbericht, Jg. 76, Nr. 48, S.837-844.

Erdmann, Georg; Zweifel, Peter (2008): Energieökonomik – Theorie und Anwendungen, Springer Verlag, Berlin.

EUCERS (European Centre for Energy and Resource Security) (2011): Strategic Perspectives of Unconventional Gas: A Game Changer with Implications for the EU`s Energy Security, Kings College London, London, http://www.eucers.eu/activities/ (21.6.2012).

Europäisches Parlament (2011): Auswirkungen der Gewinnung von Schiefergas und Schieferöl auf die Umwelt und die menschliche Gesundheit, IP/A/ENVI/ST/2011-07, Brüssel, http://www.europarl.europa.eu/activities/committe es/studies.do?language=DE (23.6.2012).

Fell, Christian; Papp, Johann (2010) Unconventional Gas; in Forum Gas Wasser Wärme,2/2010, S.6-12.

Fishbone, L. G; Abilock, Harold (1981): A linear programming model for energy systems analysis: Technical Description of the BNL version, in: International Journal of Energy Research, 5/4,, S.353-375.

Flakowski, Sven (2002): Dynamic Non-linear Programs as Mixed Complementarity Problems (MCP) in GAMS – An Application on Models of Exhaustible Markets, Westfälische Wilhelms-Universität Münster Volkswirtschaftliche Diskussionsbeiträge Nr.337, Münster.

Flauger, Jürgen; Wiede, Thomas (2010): Gazprom verlangt 100 Millionen Dollar von Eon, http://www.handelsblatt.com/unternehmen/indust rie/vertragsstrafe-gazprom-verlangt-100-millionen-dollar-von-eon/3354552.html (23.6.2012).

Gény, Florence (2010) Can Unconventional Gas be a Game Changer on European Markets?, The Oxford Institute for Energy Studies, University of Oxford, NR. 46, http://www.oxfordenergy.org/2010/12/can-unconventional-gas-be-a-game-changer-in-european-gas-markets/ (10.6.2012).

Goldthau, Andrea; Geden, Oliver (2007):	Europas Energieversorgungssicherheit: Ein Plädoyer für einen pragmatischen Ansatz, in: Internationale Politik und Gesellschaft, 4/2007, S.58-73.
Grewe, Joachim (2005):	Auswirkungen der Liberalisierung auf die Erdgasspeicherung – Eine ökonomische Analyse für den deutschen Erdgasmarkt, Sonderpunkt Verlag, Münster.
Hartley, Peter; Medlock, Kenneth B. (2005):	The Baker Institute World Gas Trade Model Geopolitics of gas working paper series, Houston.
Holz, Franziska (2009):	Modeling the European Natural Gas Market | Static and Dynamic Perspectives of an Oligopolistic Market, Von der Fakultät VII - Wirtschaft und Management der Technischen Universität Berlin, opus.kobv.de/tuberlin/.../holz_franziska.pdfimm
Hoobs, Benjamin F., Lise, Wietze und van Oostvoorn, Frits (2008):	Natural gas corridors between the EU and its main suppliers: Simulation results with the dynamic GASTALE model, in: Energy Policy, Jg. 6, Vol. 36, S.1890-1906.
Horsfield, Brian; di Primio, Rolando und Schulz, Hans-Martin (2011):	Geo-Energie: Konventionelle und unkonventionelle fossile Ressourcen, in System Erde, 1(2), S.16-31.
Hotelling, Harold (1931)	The Economics of Exhaustible Resources, in: Journal of Political Economy, Vol. 39, Nr. 2, S.137-175.
IEA (International Energy Agency) (2004):	Security of Gas Supply in Open Markets. LNG and Power at a Turning Point, Paris.

IEA (International Energy Agency) (2009a): Natural Gas in China, Paris, http://www.iea.org/publications/free_new_Desc.asp?PUBS_ID=2106 (21.5.2012).

IEA (International Energy Agency) (2009b): World Energy Outlook 2009, Paris, http://www.iea.org/textbase/nppdf/free/2009/weo2009.pdf (12.4.2012).

IEA (International Energy Agency) (2010a): Medium-Term: Oil and Gas Markets, Paris; http://www.iea.org/w/bookshop/add.aspx?id=397 (11.7.2012).

IEA (International Energy Agency) (2010b): Natural Gas Information 2010, Paris, http://www.iea.org/subjectqueries/keyresult.asp?keyword_id=4108 (23.4.2012).

IEA (International Energy Agency) (2011a): World Energy Outlook 2011, Paris, http://www.worldenergyoutlook.org/ (13.7.2012).

IEA (International Energy Agency) (2011b): World Energy Outlook 2011: Are We Entering a Golden Age of Gas (Special Report), Paris, http://www.iea.org/weo/golden_age_gas.asp (11.6.2012).

IEA (International Energy Agency) (2012): Golden Rules for a Golden Age of Gas: World Energy Outlook Special Report on Unconventional Gas, Paris, http://www.worldenergyoutlook.org/goldenrules/ (15.7.2012).

IFRI (Institut Francais des Realtions Internationales) (2008): Gas Price Formation: Structure and Dynamics , Paris, www.ifri.org/downloads/notedavoust.pdf (10.6.2012).

IGU (International Gas Union) (2011): Wholesale Gas Price Formation- A global review of drivers and regional trends, Oslo, http://www.igu.org/igu-publications 2010/IGU%20Gas%20Price%20Report%20June%202011.pdf/view?searchterm=gas%20price (12.5.2012).

Kogdenko, Nadja (2012): Shale gas in Europe: replication of American success or a concealed illusion?, Groningen, http://www.energydelta.org/uploads/fckconnector/a59903b6-06f5-41ae-9d0b-1d57dd501455 (24.6.2012).

Malkina-Pykh, Irina G.; Pykh, Yuri. A (2002): Sustainable energy: Resources, technology and planning, Boston: WIT Press, Southampton.

Mason, James E. (2011): Well Production Profiles for the Fayetteville Shale Gas Play, in: Oil and Gas Journal, Vol. 109, S.76-93.

Medlock, Kenneth B. (2010): The Shale Gas Revolution and what it means für Global Energy Markets; Präsentation am James Baker Institut, Rice Universität, Houston , http://europeangashub.com/article/detail.php?parent_id=&id=50 (25.6.2012).

Mathiesen, Lars (1987): The European Natural Gas Market: Degrees of Market Power on the Selling Side, in: Golombek and Hoel (red.), Natural Gas Markets and Contracts.

NRG Expert (2011): NRG Expert Shale Gas Resport Ed 1 2011, London, http://www.nrgexpert.com/research-store/gas-and-oil/nrgexpert-shale-gas-report-ed-1-2011/ (27.6.2012).

PES (Pacific Energy Summit) (2011): Asian Natural gas Markets: Supply Infrastructure, and Pricing Issues, Jakarta, http://www.nbr.org/downloads/pdfs/eta/PES_2011_Jensen.pdf (10.6.2012).

Perner, Jens (2002): Die langfristige Erdgasversorgung Europas: Analysen und Simulationen mit dem Angebotsmodell EUGAS, Oldenbourg Industrieverlag, München.

Rogner, Hans-Holger (1997): An Assessment og World Hydrocarbon Resources, in Annual Review of Energy and Environment, Jg. 22, S.217-262.

Rügge, Peter (1995): Zur Deregulierung des europäischen Erdgasmarktes, Peter Lang, Frankfurt am Main.

Seeliger, Andreas (2006): Entwicklung des weltweiten Erdgasangebots bis 2030: Eine modellgestützte Prognose der globalen Produktion, des Transports und des internationalen Handels sowie eine Analyse der Bezugskostensituation ausgewählter Importnationen, Oldenbourg Industrieverlag, München.

Spicker, Jörg (2010): Formen des OTC-Handels, in: Schwintowski, Hans-Peter (Hrsg.):Handbuch Energiehandel, 2., völlig neu bearbeitete und erweitere Auflage, Erich Schmidt Verlag, Berlin, S.31-79.

Spiecker, Stephan (2012): The Impact of Market Power on the Transformation of the European Energy System, Universiät Duisburg Essen, Campus Essen.

Stevens, Paul (2010): The "Shale Gas Revolution": Hype and Reality, Chatham House, London, www.chathamhouse.org/.../r_0910stevens.pdf (11.5.2012).

Ströbele, Wolfgang; Pfaffenberger, Wolfgang und Heuterkes, Michael (2010): Energiewirtschaft: Einführung in Theorie und Politik, 2. Auflage, Oldenbourg Industrieverlag, München.

Trueb, Lucien F. (2012): Shale Gas in Nordamerika- Risiken und Nutzen einer lang nicht gewinnbaren Energieressource, in: Naturwissenschaftliche Rundschau, Jg. 65, Heft 2, S.1-9.

Umweltbundesamt (2011): Einschätzung der Schiefergasförderung in Deutschland, Dessau-Roßlau, www.umweltbundesamt.de/chemikalien/.../stellungnahme_fracking.pdf (25.6.2012).

van der Voort, Eric u.a.(1984) Energy Supply Modelling Package, EFOM-12C Mark, Mathematical Description. Louvain-La-Neuve,

van Drahten, Jan (2010) Strukturierte Beschaffung zur Absicherung von Gaspreisrisiken, in Eller, Roland (Hrsg.): Management von Rohstoffrisiken: Strategien, Märkte und Produkte, 1. Auflage, Wiesbaden/ Gabler Verlag; Frankfurt.

Victor, David G; Jaffe, Amy M. und. Hayes, Mark H. (2006): Natural Gas and Geopolitics: Introduction to the Study, in: Natural Gas and Geopolitics: From 1970 to 2040, Cambridge and New York, Cambridge University Press, S.3-24.

Viertel, Benjamin (2007): Kernkompetenzen im Gashandel – Ansätze einer Übertragung des Konzeptes auf den Gashandel nach der Liberalisierung, Diplomica Verlag, Hamburg.

WEG (Wirtschaftsverband Erdöl und Erdgasgewinnung e.V.) (2008): Erdgas – Erdöl: Entstehung, Suche, Förderung, Hannover, www.erdoelerdgas.de/filemanager/download/24/Erdgas%20Erd%C3%B6l%20Entstehung%20Suche%20F%C3%B6rderung.pdf (27.6.2012).

Weimann, Joachim (2006): Wirtschaftspolitik: Allokation und kollektive Entscheidungen. 4. Überarbeitete Auflage, Springer Verlag, Berlin.

WRI (World Resource Institute) (2012): China´s Global Quest For Resources and Implications for the United States; China's Prospects for Shale Gas and Implications for the U.S., Washington DC, http://www.wri.org/publication/testimony-chinas-prospects-for-shale-gas (23.6.2012).

Zimmermann, Werner (1997): Operations Research, Quantitative Methoden zur Entscheidungsvorbereitung, 8. Auflage, R.Oldenbourg Verlag; München.

Anhang

A.1.1 Unkonventionelle Reserven und Ressourcen

A 1.1.1 Resource- in-Place

Die Resource in Place stellt die geschätzte maximal vorhandene Menge im Gestein dar, unabhängig von ihrer potenziellen Fördermöglichkeit. Es handelt sich hierbei um die weichste und größte Ressourcenangabe, die aufgrund geologischer Bedingungen voraussichtlich nicht vollständig entnommen werden kann. Errechnet wird das Potential anhand von vier Charakteristika der Lagerstätte. Berücksichtigt werden: Druck, Temperatur, Porösität sowie die Mächtigkeit des Gesteins.

A 1.1.2 Technically Recoverable Resource

Die technisch entnehmbare Resource (Technically Recoverable Ressource) bezeichnet die Gasmenge, die mit den aktuell technisch vorhandenen Förderverfahren entnommen werden kann. Unberücksichtigt bleiben bei dieser Einschätzung ökonomische, sowie ökologische Faktoren. Die Technically Recoverable Ressource (TRR) wird ahand eines sogeannten „Recovery-Faktors" bestimmt , der mit „Ressource in Place" multipliziert wird. Dieser Faktor setzt sich aus einer Reihe von geologischen Informationen über die jeweilige Lagerstätte zusammen. Aufgrund unterschiedlich errechneter Faktoren kann es in den Publikationen der verschiedenen Institute zu voneinander abweichenden Berechnungen der TRR kommen.

A 1.1.3 Economically Recoverable Resource

Die „Economically Recoverable Resource" (ökonomisch nutzbare Menge) kann, je nach ökonmischen Rahmenbedingungen, maximal der technischen Ressource entsprechen. Das wirtschaftlich gewinnbare Potential wächst mit sinkenden Kosten und steigenden Preisen.

A 1.1.4 Nachgewiesene Reserven

Die nachgewiesene Reserve unterliegt der gleichen Defintion wie die Reserve konventioneller Vorkommen.

BEI GRIN MACHT SICH IHR WISSEN BEZAHLT

- Wir veröffentlichen Ihre Hausarbeit, Bachelor- und Masterarbeit

- Ihr eigenes eBook und Buch - weltweit in allen wichtigen Shops

- Verdienen Sie an jedem Verkauf

Jetzt bei www.GRIN.com hochladen und kostenlos publizieren

GRIN